丰收中国

——一首诗读懂中华农业极简史

韩长赋 编著

中国农业出版社

北 京

前言 · QIANYAN

　　我国是农业大国，重农固本是安民之基、治国之要。习近平总书记强调，任何时候都不能忽视农业、忘记农民、淡漠农村。几千年来，农民一直在祈丰收、求温饱，但历朝历代都没能圆上这个温饱梦，只有在中国共产党的领导下，才端稳了中国人的饭碗，让中国人的饭碗装满中国粮！历史走到今天，中国的乡村正面临着千年未有之大变局，我们实现了第一个百年奋斗目标，在中华大地上全面建成了小康社会，历史性地解决了绝对贫困问题，农民过上了不愁吃、不愁穿、不愁住的日子。现在，我们正意气风发向着全面建成社会主义现代化强国的第二个百年奋斗目标迈进。

　　我一辈子扎根"三农"，对农业、农村、农民有天然的亲近感。年轻时，我也曾拽耙扶犁、锄田抱垄，在山川田园中经历春生夏长，四季更替。后来，随着工作变动，我经常进村入户上田头，跟农民交谈，察看庄稼长势，了解农民收入；我也曾到访世界各国农村，了解异域农情。我深刻感受到，农业是与大自然同频的产业，农民也是距离大自然最近的。我国"三农"领域取得如今的成就，是全党全国上下共同努力的结果，亿万农民的汗水与贡献也是有目共睹的，所以我们要感谢农民。

2018年，第一个在国家层面专门为农民设立的节日——"中国农民丰收节"诞生了。这不是一般的节日，是习近平总书记亲自倡导、党中央研究决定的，这是亿万农民庆祝丰收、享受丰收的喜庆节日，也是五谷丰登、国泰民安的生动体现，进一步彰显了"三农"工作重中之重的基础地位。泱泱大国，为农设节，重农爱农，于兹为盛。丰收节设立之后，我在国务院新闻办向全国亿万农民报告了这个好消息！

新中国七十华诞，又逢第二届中国农民丰收节之时，我有感而发，写了一首《丰收赋》，直抒胸臆。如今中国农民丰收节已逾四岁，节日越办越好，全社会关注农业、关心农村、关爱农民的氛围越来越浓厚。欣慰之余，更多了思考：农民的丰收，是物质层面和精神层面的双丰收。当温饱有了基础，物质需求解决了，就显出了文化的必要性，让农民成为有吸引力的职业，让农民带着热爱和自豪去劳作创造，这就是文化所要解决的问题了。农耕文化是中华传统文化的源头，也可以说，农耕文明是中华文明的根。中华民族五千年农耕文明福祚绵延，农业丰收，吃饭无虞，人心才能安定。基于此，以《丰收赋》一诗为基础，编写一部中华农业极简史的想法便冒了出来。

过去，我们总说"乡土中国"，中国几千年的经济社会史，很大程度上是农业农村史。新中国，特别是改革开放以来，我国农村发生了翻天覆地的变化。脱贫攻坚完胜之后，"三农"工作的重心历史性地转移到乡村振兴。这将带来新的山乡巨变，当然这是一个长期的历史过程，需要循序渐进，保持历史耐心。全面推进乡村振兴，"三农"迎来了最好的发展时代，我们应该在场！我们应该见证！那么，如何理解与见证今日之乡村？习近平总书记讲，学史明理、学史增信、学史崇德、学史力行。欲了解今日之乡村，须追溯品味既往，用历史映照现实、远观未来。从历史中明白"三农"的来龙去脉，照见我们的农耕骄傲，提振文化自信；从历史中获得启发，汲取力量，这就是编写本书的初衷。人生短短百年，纵然忙碌一生，所见的、所经历的毕竟有限，然而幸有史书和历史记忆存在，让我们得窥千年之更迭，记录时事之变迁，通过回溯过去，明白现在，把握规律，进而展望未来。所谓思接千载，与时俱进；视通万里，顺乎潮流。

本书以长诗《丰收赋》为基础展开，逐句对原诗进行解读，在此基础上选择与诗句内容相关的知识条目进行拓展。全书共计180多个知识条目、170余幅图片，采用辩证的、以小见大的史学构思，以中华农耕史上的重要事件、人物、政策为对象，以点串线、以线带面，串起一部中华农业极简史。与《丰收赋》相对应，全书分为四部分：第一部分"农耕文明·根"以寻根农耕文明为主题，讲述几千年来传统农耕文化的精华；第二部分"重农固本·魂"以重农固本为引领，从古代重农思想开始，梳理新中国成立70多年来农业史上的重要事件；第三部分"丰收之日·韵"围绕丰收与节庆，展示现代农业农村之风韵；第四部分"乡村振兴·梦"聚焦乡村振兴和中国梦，贯通党的十八大以来的"三农"举措，描绘乡村美好愿景。知识条目以知识性、权威性为择题标准，内容上注重"三农"史学知识的普及，力求客观准确。写作风格力求生动简洁，以使读者在轻松翻阅、获取知识趣味的同时，更多汲取历史智慧。

当代中国青年生逢盛世，肩负重任，迎接辉煌。希望通过本书，能引导广大读者尤其是青少年朋友们更加关注农业、关心农村、关爱农民。

韩长赋

2021年9月于北京

目　录

目 录

重农固本·魂

丰收之日·韵

乡村振兴·梦

丰 收 赋

韩长赋

　　时维九月，序属金秋，欣逢新中国七十华诞，又迎中国农民丰收节。党中央决定、国务院批复，于戊戌年起，每岁秋分日为中国农民丰收节。泱泱大国，为农设节，重农爱农，于兹为盛。忆及去岁首届丰收节，国家主席专辞祝贺，举国上下欢欣鼓舞。今又漫步秋日田野，喜见稻菽千重浪，亿万农民庆丰年。有感于党的十八大以来以习近平同志为核心的党中央关爱"三农"之深厚情怀，有感于改革开放四十年来广大农民全面奔小康之喜悦心情，有感于新中国成立七十年来农村沧海桑田之巨大变化，有感于中华民族五千年来农耕文明之福祚绵延，欣然命笔，诗以志之。

一、农耕文明·根

中华文明，肇始农耕；生生不息，源远流长。
三皇五帝，咸有农功；教民稼穑，文明滥觞。
燧人取火，以化腥臊；伏羲作罟，渔猎驯养。
神农制耒，莳播禾谷；有民有土，乃场乃疆。

轩辕艺种，制礼定仪；嫘祖缫丝，始蚕种桑。
颛顼定历，植禾养材；帝喾观象，节气发祥。
尧命羲和，授时掌农；舜耕历山，茨屋筑墙。
大禹治水，化害为利；先民功业，世代流芳。

刀耕火种，井田阡陌；铁器牛耕，开辟八荒。
江河不驯，旱涝无定；利水润土，郑国都江。
齐民要术，农政全书；承继农学，今古昭彰。
精耕细作，农桑并举；自给自足，迄可小康。

日出而作，日落而息；春耕夏耘，秋收冬藏。
应天之时，取地之利；天人合一，以实廪仓。
耕读传家，勤则不匮；民生教化，行而不罔。
生之庶之，富之教之；旧业维新，代代发扬。

二、重农固本·魂

洪范八政，食为政首；务农重本，国之大纲。
春则祈年，秋则报赛；四时和顺，足食丰裳。
食之饮之，慕德而从；饥之渴之，社稷动荡。
五千年史，沧桑大道；国不贱农，太平盛昌。

雄鸡一唱，换了人间；土地改革，翻身解放。
八字宪法，兴修水利；携壶荷箪，军民垦荒。
改革开放，家庭承包；放开购销，票证收藏。
兴办乡企，打工进城；多予少取，免税补偿。

时代启新，三权分置；延包卅年，民心所向。
集体资产，确权赋能；耕地保护，生态涵养。
种子革命，农机跨越；千万工程，美丽山乡。
质量兴农，三产融合；转型升级，再创辉煌。

十五连丰，端牢饭碗；手中有粮，心中不慌。
十五连增，鼓起钱袋；和谐乡村，民富国强。
三农向好，全局主动；党的领导，根本保障。
泱泱国土，育我中华；岁稔年丰，兴我家邦。

三、丰收之日·韵

春华灼灼，秋实离离；秋分时节，天高气爽。
瓜果飘香，秫熟稻馨；牛羊成群，蟹肥菊黄。
九月筑场，十月纳稼；五谷丰登，颗粒归仓。
多黍多稌，万亿及秭；丰收喜讯，四面八方。

佳节新设，名以丰收；农民节日，史上首创。
盛事彰农，其情实深；重礼厚民，其愿乃祥。
全面小康，重在农村；民为邦本，须臾不忘。
百姓和美，安居乐业；物阜民熙，幸福安康。

亿万农民，如沐清风；奔走相告，喜气洋洋。
累累硕果，尽情晾晒；丰收喜悦，写在脸上。
农事民俗，推陈出新；八方风物，熠熠生光。
电商助农，寰宇相通；产销对接，城乡共享。

举国共庆，欢声笑语；四海同歌，丰收咏唱。
村村寨寨，彩旗招展；载歌载舞，鼓乐铿锵。
梧雨乡愁，田园思归；新朋旧友，到访农庄。
神州大地，气象万千；谁最荣光，数咱老乡。

四、乡村振兴·梦

三农发展，重中之重；民族复兴，时代梦想。
城乡差距，发展短板；农村滞后，竹萧心上。
脱贫攻坚，不落一人；优先发展，鼓励农桑。
乡村振兴，惟新惟高；重大战略，时代激荡。

五位一体，统筹推进；四个全面，部署有方。
产业兴旺，富民强村；生态宜居，青山碧浪。
乡风文明，塑形铸魂；治理有效，互助守望。
生活富裕，无忧无虑；千秋伟业，同心同向。

现代农业，四化同步；战略后院，石压底舱。
藏粮于地，藏粮于技；深化改革，共赢开放。
绿色引领，创新驱动；融合发展，重塑城乡。
美好愿景，心驰神往；久久为功，致远行长。

不忘初心，牢记使命；情系三农，倾力担当。
惠农政策，阳光普照；农民创造，领航有党。
五级齐抓，各界相助；撸袖奋斗，实干兴邦。
见证历史，开创未来；再接再厉，谱写新章！

（该诗发表于2019年9月21日《人民日报》）

农耕文明·根

农耕文明是人类历史上一种重要的文明形态，贯穿人类发展的始终。中华文明自农耕开始，源远流长，生生不息，经历了五千年的时光淬炼，依然闪耀着智慧的光芒。

农耕的起源与神话传说密不可分。燧人氏发明了钻木取火，使人类从使用自然火走向人工取得火种；神农是"始耕田者"，是开创农业的"田祖"，他"尝草别谷""教民农作"，发明了最早的翻土农具——耒耜；嫘祖发明了缫丝养蚕；大禹疏通江河、定九州。神话在一定程度上反映了客观事实。据考古发现，从100多万年前的元谋人，到约50万年前的北京人，都留下了用火的痕迹；出土的7 000年前的稻壳，勾勒出先人农耕活动的轨迹；5 000多年前，蚕桑的功用被富有创造精神的炎黄子孙发现，由此发明了种桑养蚕，并走出了一条沟通世界的丝绸之路。悠久的农耕历史，灿烂的农耕文明，给了我们文化自信的底气。

在中国这片辽阔的土地上，沧海桑田交

替变换，黄河、长江奔流不息，先民繁衍、迁徙、融合、传承，逐渐形成了强大的中华民族，塑造了独特的民族精神和民族品格。在生存理念上，秉持应时、取宜、守则、和谐的自然法则，据物候，重农时，躬身耕耘，静待收获；在耕作方式上，经历了从刀耕火种到铁器牛耕的蜕变，再到精耕细作农业生产体系形成，最大限度地保持土壤肥力，提高作物产量；在生活形态上，坚持农桑并举，男耕女织，自给自足；在恶劣的生存环境中，古时的井田沟洫、郑国渠、都江堰及如今的红旗渠等凝聚了人类智慧的重大水利工程，体现了华夏子孙攻坚克难、整理山河的豪情壮志，民族精神薪火相传。

知来处，明去处。中华文明历经五千年风吹雨打，坚守自我，不移根本，展现了大国文明的气度。中华优秀传统文化早已刻入中华民族的基因，植根在中国人的内心，潜移默化地影响着中国人的思维方式和行为方式。

中华文明，肇始农耕；生生不息，源远流长

中国是四大文明古国之一，有五千年悠久历史的中华文明是从农耕开始萌芽的。早在约1万年前的新石器时代，先民在大自然中采集、狩猎，进而把野生植物和动物分别驯化为农作物和家畜，有了稳定的食物供给，得以定居，慢慢形成了农耕社会，并由此发展出手工业、商业。直到今天，农业仍然是国民经济的基础。

知识条目

中华农耕的起源

在人类数百万年的历史长河中，先民一直以采集、狩猎和捕捞为生。距今大约1万年前，人类从旧石器时代迈入新石器时代，逐渐告别了原始的采集与渔猎生活，开始种植植物、驯养动物以满足生活所需。从此，人类摆脱了单纯直接以自然采获食物的被动局面，农业由此出现。农业的发明是人类历史上的一件大事，是由攫取经济到生产经济的伟大的革命性变革。在农业出现以前，人类对自然而言是被动适应，自然界有什么，人类就获取什么，而农业出现以后，人类拥有了主动地改造与改良自然的能力，从而能从自然中获取到更多的基本生活所需品。

中国是世界农业主要发祥地之一。在绵绵不息的历史长河中，炎黄子孙植五谷、饲六畜，农桑并举，耕织结合，创造了灿烂辉煌的农耕文明，为中华民族繁衍生息、发展壮大奠定了坚实的基础。

■河姆渡遗址出土的稻粒

考古资料表明，中国农业产生于旧石器时代晚期与新石器时代早期的交替阶段，距今约有1万年的历史。长江流域的江西万年仙人洞遗址、湖南澧县彭头山遗址和道县玉蟾岩遗址、浙江余姚河姆渡遗址，均出土了早期栽培稻的种子，有的距今 约1万年；黄河流域的河北徐水南庄头遗址出土了近万年前的石磨盘、石磨棒等谷物加工工具，以及猪、狗等家畜骨骼和陶器。这些考古发现证明，先民在新石器时代就进入了以种植和养殖为特征的农耕社会。

中国是农业大国，也是农耕文明古国。在中国，从岭南到漠北，从东海之滨到青藏高原，都发现了新石器时代的农耕遗址，以黄河流域和长江流域分布最为密集。这说明黄河和长江都是中华民族的摇篮，是世界农业的起源中心之一。

文明起源与农耕的关联

农耕文明是人类史上的第一种文明形态。大约1万年前，人类进入新石器时代，在北纬30°附近，随着原始种植业、畜牧业等的出现与发展，生活在这片地区的先民逐渐从食物的采集者变为食物的生产者，早期的农耕文明随之产生。这是人类生产力的第一次飞跃，人类由此进入农耕文明时代。正因为有了稳定的农业生产和农产品供给，人类得以定居下来，农耕文明逐渐发展。到了一定程度后，作为人类文明象征的国家、城市与文字才开始出现。所以说，农耕奠定了文明的基础。

　　我国是农业大国，也是农耕文明古国。距今1万年前，生活在江西万年仙人洞的先民开始人工种植水稻；约7000年前，东南沿海的河姆渡先民已开始农桑并举；约6000年前，陕西的半坡人聚居而成"村庄"；约5000年前，仰韶先民已经以从事农耕为主。在漫长的农业发展历程中，华夏先民们栉风沐雨、胼手胝足，学会了栽培植物、驯养动物，发明了陶器、青铜器和铁器，修造了农具、堰坝和民居，创制历法，创作了农谚、民谣和民歌，物质文明和精神文明交相辉映，形成了灿烂的中华农耕文明。

　　伴随着农业生产水平的提高，人们逐渐能够生产出满足自身需求以外的农产品，从而为城市的出现、农业和手工业的分工、脑力劳动与体力劳动的分化提供了物质基础，也为近代文明、城市文明的兴起与繁荣创造了前提条件。东汉班固所撰《汉书》中记载经济活动的《食货志》，其主要内容即为农业。可以说，中华五千年文明因农而生，因农而兴。

　　一部五千年中华文明史，处处镌刻着农耕文明的印记，时时闪耀着农耕文明的光辉。正是绵延不绝的农耕文明，保证了中华文明枝繁叶茂、奔流不息，构成了中华文明的根基和血脉。

■半坡遗址是新石器时代仰韶文化聚落遗址，是中国原始社会母系氏族繁荣时期遗留下的村落遗址，已有6 000多年历史，于1953年被发现，由考古学家石兴邦主持发掘，先后对半坡遗址进行了5次较大规模发掘，此为半坡先民生活场景还原图

三皇五帝，咸有农功；教民稼穑，文明滥觞

jià sè　　　　　　làn shāng

传说中，开创了中华文明的是"三皇五帝"，他们在农耕方面颇有建树。他们教百姓认识气候现象、用火、种地、驯养动物，慢慢有了稳定的食物来源，先民们定居下来，脱离愚昧状态，踏进文明的门槛，中华文明得以萌芽和发展。

稼穑 种植与收割，泛指农业劳动。语出《诗经·魏风·伐檀》："不稼不穑，胡取禾三百廛（chán）兮？"意思是不播种来不收割，为何300捆禾往家搬？

滥觞 本谓江河发源之处水极浅，仅能浮起酒杯，后比喻事物的起源和发端。语出《孔子家语·三恕》："夫江始出于岷山，其源可以滥觞。"

知识条目

"三皇五帝"与农耕

从"三皇五帝"的上古时代，到中国历史上第一个朝代夏朝建立，由于年代过于久远，并没有直接的文字记载，只能以传说形式流传，虽然可信度存疑，但不失为一种珍贵的文化资源。

"三皇"最早见于《吕氏春秋·贵公》等篇，有多种说法，一般指燧人、伏羲、神农；"五帝"的时代在"三皇"之后、夏朝以前，最早见于《荀子·非相》，也有多种说法，一般指黄帝、颛顼、帝喾、尧、舜。他们都是上古时期原始社会的部落首领或部落联盟首领，因

才能杰出或功绩伟大，被后人尊之为"皇"或"帝"，他们或多或少都参与了农业的起步与发展过程。

燧人氏发明钻木取火，教人吃熟食；伏羲氏教民结网，从事渔猎畜牧；神农氏制作耒耜（lěi sì，一种用于翻土的农具），教民耕种；黄帝教民播种，丰富食物来源；颛顼制作、更新历法，指导农桑；帝喾观察天象，教百姓根据节令安排农业生产与生活；尧命人划分四季，并按此安排农事活动；舜在历山从事农业耕种，教民用土筑墙、用茅草盖屋，告别穴居。总之，"三皇五帝"教会百姓识五谷、辨四季、制农具、事耕作，解决了最重要的吃饭问题。先民从此结束茹毛饮血、捕鱼狩猎的漂泊生活，过上了刀耕火种、筑墙盖屋的定居生活，中华文明由此发祥并逐步兴盛。

其实，关于"三皇五帝"的传说多系后人对历史的推测演绎，把人类最重大的一些发明附丽于几位想象中的圣王。传说虽非实有其人，却确有其事，仍在相当程度上反映了客观事物发展的基本情形。

■相传，在一次狩猎中，神农氏看到野猪用长长的嘴巴在泥土里一撅就能把土拱起。受到野猪拱土的启发，神农氏发明了耒耜

后稷

后稷，姓姬，名弃，生于稷山（今山西省稷山县）。后稷是他的官职名称（主管农业和粮食的官员）。历史上为了表示对他的尊重，就以他的官职来称呼他。《史记》记载，后稷是尧舜时代的人，他是中华民族的始祖——黄帝的五世孙。

后稷为儿童时，好种树麻、菽。成人后，有相地之宜，善种谷物稼穑，教民耕种。他在前人的基础上巩固、充实、革新、提高，在农业生产上取得了决定性的突破。尧帝命他担任农师、舜帝命他担任后稷，"使后稷播种，务勤嘉谷，以作饮食"，意思是舜帝让后稷教百姓播种，辛勤劳动种植庄稼，使老百姓可以有饭吃。后稷成为中国有史以来第一个主管农业的官员。孙中山说："自后稷教民稼穑，我中国之农政古有专官。"后稷教民稼穑，倡导春种、夏耕、秋收、冬藏，形成了完整的传统农耕体系。他教民稼穑时要求注重时令、选育良种、铲除杂草、施肥灌溉，因地制宜，种植不同种类的农作物，同时教导农民分清责任，管好自家田地，获得更好收成。《国语》载："稷勤百谷而山死。"后稷在巡视农业生产时因劳累过度而去世，他去世后就安葬在他付出毕生心血教民稼穑的稷王山顶。《大明一统志》载："后稷，尧臣，为农师，教民稼穑，今稷山县稷神山有墓。"后稷及其子孙把农耕文明的圣火传遍了华夏大地，奠定了中华文明的物质基础，被誉为中华民族的农耕始祖。

■后稷画像图

燧^{suì}人取火，以化腥臊；伏羲作罟^{gǔ}，渔猎驯养

燧人氏是古代传说中的人物，他从自然界的野火得到启示，发明了钻木取火。从此以后，人们结束了茹毛饮血、生吃食物的历史，开创了用火文明，燧人氏因此被后世奉为"火祖"。伏羲氏是畜牧业的鼻祖，他发明了网用来捕鱼。他还试着圈养野生动物，开启了人工饲养家畜的历史，使人们吃肉变得更容易。

知识条目

用火的历史

从100多万年前的元谋人到约50万年前的北京人，都留下了用火的痕迹。人类用火的历史可能要追溯到上百万年前。

火的作用主要表现为：一是食物被火加热后，更容易被人体消化吸收，同时也大大减少病菌、寄生虫等对健康的危害，人们从熟食中获得更多的热量和营养，提高了食物的利用率，增强了体质；二是火有防身作用，一支火把就足以吓退猛兽；三是火可取暖，人类借助火的力量，可抵御寒冷。这些作用合在一起，促进并加速了人类的进化和社会的发展，推动人类总数大幅度增长。

人类最初使用的是自然火，后来通过钻木的方式得到火种，称为钻木取火，后人把这一功劳归于"三皇"之一的燧人氏。火的使用从根本上改变了人类的生活方式，具有划时代的意义。人工取火的方式

被发明后，原始人就掌握了一种强大的自然力。

畜牧业的起源

中国是畜牧业主要起源地之一，畜牧生产萌芽于1万年前，先民将野生的小动物圈养起来，让其脱离野生状态生长，这就是驯化行为。经过长时间的持续驯化，野生的小动物变得与人类亲近、不惧怕人类，畜牧业就由此产生。

考古发现，距今约9100年前的广西桂林甑皮岩遗存第一文化层出土的猪骨，是迄今中国境内最早的家畜遗存，其数量在出土的全部兽骨中占的比例最大，并反映了猪在长期豢养后体质和形态的变化。距今约7000年的浙江桐乡罗家角和余姚河姆渡遗址的考古成果表明，水牛在当时已成为家畜。在距今约8000年的河北武安磁山遗址中，也发现了家养的猪、狗、鸡，可能还有黄牛。新石器时期，中国传统的"六畜"——猪、狗、牛、羊、鸡和马已基本齐备。

后人把教老百姓圈养动物这一功劳归于"三皇"之一伏羲氏。

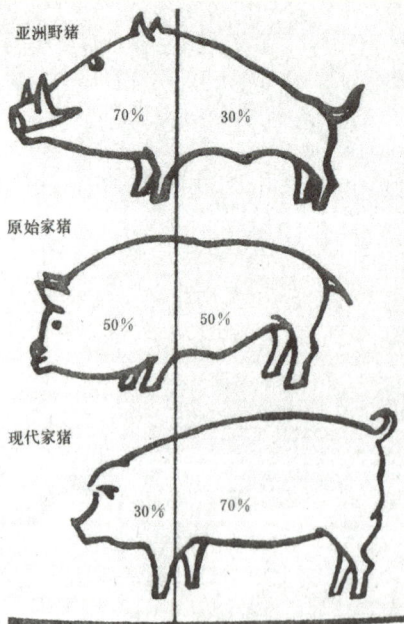

亚洲野猪 70% 30%

原始家猪 50% 50%

现代家猪 30% 70%

■猪驯化演进图示

■中国农业博物馆展示的商代铜猪尊
（复制品），是野公猪形状的酒器，猪
背上开椭圆形口，设盖，腹内盛酒

■云南李家山出土的汉代
青铜牧牛器盖（复制品）

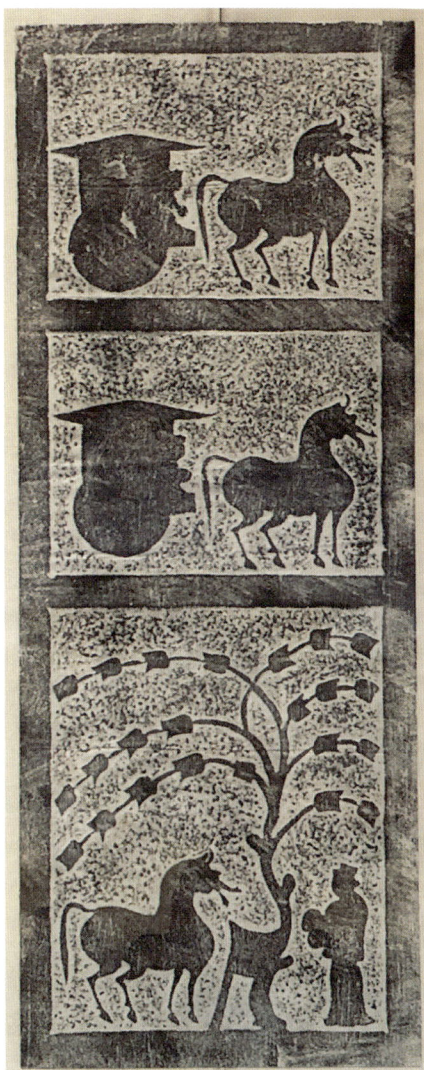

■陕西出土的东汉饲马画像拓片

神农制耒，莳播禾谷；有民有土，乃场乃疆

耒 lěi 莳 shì

神农氏是耕田种地的始祖，传说他率先尝百草滋味，并把采集的野生植物种子播在地里，发明了种植庄稼的方法。他发明了最原始的用来耕地的起土工具——耒和耜。有了农业生产，人们定居下来，并开始划分疆界，社会逐渐安定。

乃场乃疆 指划分疆界、耕作田畴，语出《诗经·大雅·公刘》中的"乃场乃疆，乃积乃仓"，说的是公刘忙着修田界、往仓库中堆积粮食的场景。

知识条目

农具的由来

神农氏是农耕的始祖，传说他发明了耒和耜，用来耕地，这是最早的翻土工具。《易经·系辞下》记载："神农氏作，斫木为耜，揉木为耒。"神农氏兴起，砍断木头做成耜，使木弯曲做耒。耜是耒耜前端的铲，直接作用于土壤；

■耒实际上是一根木棒，后来在木棒上绑一块锋利的石头或骨头，发展成耒耜，主要功能是破土

耒是耒耜的柄。耒实际上是一根尖木棒，用树木制作而成，后来发展成了耒耜，就是在尖木棒上绑一块锋利的石头（也有用骨、木头等材质），主要功能是破土，在农业生产中翻整土地、播种庄稼。

操作时，人手持耒身，一足踏横木，用力向下，使耒尖刺入土中。但一人操作时只能使耒尖入土，不能翻起土块，故实际操作时，由两人并肩持耒刺土，耒尖入土后，再用力把耒身向后压，便可以把土块翻起，这就是"耦耕"。耒和耜在甲骨文中有对应的象形字。考古发掘发现，早在约8 000年前的河北武安磁山遗址中，即发现木耒的印痕；约7 000年前的浙江余姚河姆渡遗址则出土了非常精致的骨耜，河姆渡的骨耜已是相当发达的农具。所以神农氏"始作耒耜"的传说是符合原始农业实际的。

耒和耜相结合，意味着农具从单一向复合发展。后来随着农业生产的发展，出现了石头犁，接着又是青铜犁和铁犁。从材质上看，农

■新石器时期的石耜

■战国时期的铁犁

农具经历了石器、青铜器到铁器的变化，农业生产效率大大提高

■协田耦耕场景：商周时期，三人一起耕作叫"协田"；
西周时期，两人一起耕作叫"耦耕"

具在新石器时代为木、石、骨、蚌等天然材质；到了商代，青铜器
制造技术被发明，出现青铜农具，生产效率大大提高，不过由于青
铜较为昂贵，用于生产的比例较低；到了春秋时期，较青铜性能更
好的铁器出现，在农业生产上的应用比青铜广泛，因此大大提升了
劳动效率。

农耕与定居

　　人要定居，须有固定的水源、固定的食物来源、固定的住所、相对固定的活动空间，这是人类定居生活的四大基础。有了农业，就有了固定的食物来源；陶器的发明为储存水源和食物提供了基础，为定居提供了条件；营造居室是人类防御、抵抗自然灾害的一种方法，同时也让人们远离野兽的袭击。人类逐渐定居下来，从流动觅食的原始种群向安居乐业的氏族公社转变。

　　农耕为定居打下基础，定居使人类结束了长期迁移、颠沛流离的生活，有更多的时间进行生产劳动，为种族繁衍和生产力发展创造了条件，同时，推动人类文明的发展。

■浙江河姆渡生活场景示意图，先民已开始定居，耜耕农业较为发达

轩辕艺种，制礼定仪；嫘祖缫丝，始蚕种桑

léi sāo

轩辕氏即"五帝"之首的黄帝，非常重视农业生产。传说，是他播种百谷草木，丰富食物种类，还带领百姓制作衣服和帽子、建造车船、编制音乐格律、规范礼仪等。黄帝的元妃嫘祖，发明了将野生蚕茧缫丝、织成衣物的方法，带领百姓栽种桑树、养蚕，进而缫丝、织布，让人们穿上了丝布做的衣服，不再用树叶遮体了，御寒问题有了保障。

■温州国安寺出土的北宋木刻套色版画《蚕母》。相传，嫘祖首先发现桑枝上的蚕虫吐丝结茧，并首创野蚕家养之法，开发桑蚕业，被后世奉为"蚕神"，受历代各族人民的崇拜

知识条目

炎黄子孙

"炎"指炎帝神农氏，"黄"指黄帝轩辕氏。炎黄二帝同为中华

始祖，传说他们出自同一个部落，后来分别成为两个不同部落的首领。两个部落在阪泉发生了一场战争，黄帝打败了炎帝，两个部落渐渐融合成华夏族，所以中国人又被称为"炎黄子孙""华夏儿女"。炎帝和黄帝也是中国文化及科学技术的始祖，传说上古重要的发明几乎都出自他们以及他们的臣子、后代。

华人自称炎黄子孙，将炎帝与黄帝共同尊奉为中华民族人文初祖。

种桑养蚕

蚕作为古代主要的经济昆虫，其经济价值在于蚕丝。蚕丝是主要纺织原料之一，我国是最早利用蚕丝纺织的国家。古史有伏羲"化蚕"、嫘祖"教民养蚕"的传说。根据文献记载和文物考证，我们的祖先早在5 000多年前就已开始植桑养蚕。

考古表明，公元前2 000多年，今浙江吴兴钱山漾地区的先民已在利用蚕丝织成绢片、丝带和丝线。公元前13世纪，桑、蚕丝、帛等名词已见于甲骨卜辞。周朝有蚕桑的专业化生产，并受官方督察管理。到战国时期，蚕丝已成为常见的衣服原料和自由贸易的物资。我

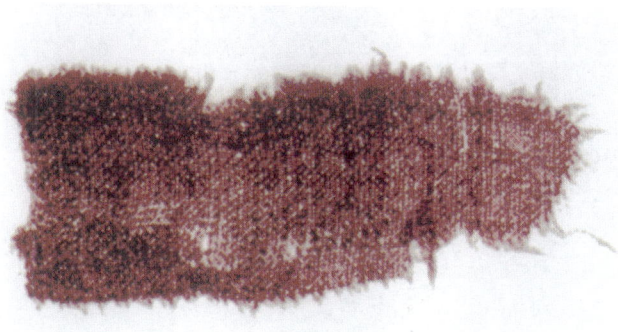

■浙江吴兴钱山漾出土的5 000年前的绢片，证明了我国悠久的蚕丝使用历史

■商周时期的玉蚕，现藏于美国哈佛大学

■湖北江陵马山一号楚墓出土的战国时期的"凤搏龙虎"丝织品

国各地出土的战国时期的丝织品很多，有罗、绫、纨、纱、绉、绮、锦、绣等，其图案与色彩美丽惊人。蚕丝和大麻、苎麻，以及后来传入的棉花一道，成为中国人主要的衣着原料，蚕桑也就成为中国农业结构中的重要组成部分。

世界上所有国家的蚕种和养蚕方法，最初都是直接或间接从我国传出去的。很多国家也通过一根根晶莹的蚕丝、一匹匹柔美的丝绸知道了古老而神秘的中国，因此称中国为"Seres"（丝国）。

丝绸之路

简称"丝路"，是古代中外交通干线。以中国的长安、洛阳为始发地，贯穿亚洲中西部及非洲、欧洲等地，因丝绸是其运送的大宗货物之一，故称丝绸之路。

丝绸之路是世界上最长、最古老、最具发展潜力的经济大走廊，同时也被认为是联结亚欧大陆和古代东西方的文明之路。"丝

■敦煌壁画之张骞出使西域图。自张骞通西域后，中国与中亚、欧洲的商业来往频繁，逐渐形成一条商贸大道，因这条大道上最具代表性的贸易货物为产自中国的丝绸，得名"丝绸之路"

绸之路"这个名称最早是由19世纪德国地理学家李希霍芬在其著作《中国》中提出来的。据史料记载，中国的丝绸、瓷器、茶叶、漆器等物产传到西方后，深受追捧，精美绝伦的中国丝绸更是让人赞叹不已，尤其是罗马贵族，对他们来说，丝绸服装是贵族身份的象征，因此，有着巨大的丝绸贸易需求。正因为丝绸是这条文明交流通道上最具代表性的货物，所以它被冠以"丝绸"之名。

　　丝绸之路起初只是指自中原经今新疆而抵中亚和西亚的陆上通道。嗣后，所指范围逐步扩大，远及亚、欧、非三洲，并包括陆、海两方面的交流路线。如今不仅用以指称联结整个古代世界的交通路道，同时还成为古代东西方之间经济、文化交流的代名词。通常认为，丝绸之路可分为两大类（陆上丝绸之路、海上丝绸之路），三大干线：①草原丝绸之路，主要由古代游牧人开辟和使用，大致从黄河流域以北通往蒙古高原，西经西伯利亚大草原，抵达威海、里海、黑海沿岸，乃至更西的东欧地区；②绿洲丝绸之路，主要通过亚欧大陆上有人定居的地区，始于中原，西经河西地区、塔里木盆地，再赴西亚、小亚细亚等地，并南下今阿富汗、巴基斯坦、印度等地；③海上丝绸之路，开辟的时间晚于陆上丝绸之路，始于中国沿海地区，经今东南亚、斯里兰卡、印度等地，抵达红海、地中海以及非洲东海岸等地。

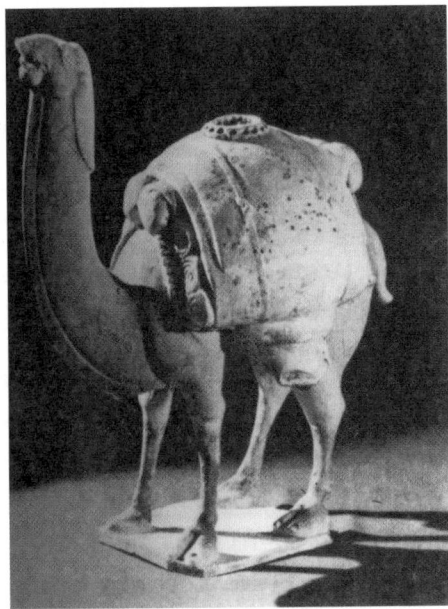

■北齐时期的驮绢陶俑。山西太原出土

颛顼定历，植禾养材；帝喾观象，节气发祥

zhuān xū　　　　　　　　kù

　　"五帝"之一的颛顼是黄帝的孙子，他在前人的基础上更新了历法，指导农桑，他善于合理而节制地分配食物与物产，而不是只顾今天、不管明天，使百姓避免了饥一顿饱一顿。帝喾是黄帝的曾孙，他通过观察天象，了解太阳、月亮、星辰的运行规律，以此来安排生产与生活，后人在这个基础上不断总结，形成了我们现在熟知的二十四节气。

知识条目

物候与农时

　　物候是一年中自然界万事万物的推移变迁过程，这些变化是大自然的一种语言，人们可以通过了解这门语言，掌握大自然的规律。我国古代对物候知识的记载始于周、秦时代，目的是服务农业生产。在二十四节气出现之前，人们从事生产需要掌控时间，也就是农时，其根据就来自物候。因

■《四民月令》是东汉后期崔寔所著的叙述一年例行农事活动的专书

为人们能直接观察到动物的出现和消失、草木的萌发和枯死，这些现

七十二候表

月份	节气	第一候	第二候	第三候
孟春	立春	东风解冻	蛰虫始振	鱼陟负冰
	雨水	獭祭鱼	鸿雁北归	草木萌动
仲春	惊蛰	桃始华	仓庚鸣	鹰化为鸠
	春分	元鸟至	雷乃发声	始电
季春	清明	桐始华	田鼠化为鴽	虹始见
	谷雨	萍始生	鸣鸠拂其羽	戴胜降于桑
孟夏	立夏	蝼蝈鸣	蚯蚓出	王瓜生
	小满	苦菜秀	靡草死	麦秋至
仲夏	芒种	螳螂生	鵙始鸣	反舌无声
	夏至	鹿角解	蜩始鸣	半夏生
季夏	小暑	温风至	蟋蟀居壁	鹰始击
	大暑	腐草为萤	土润溽暑	大雨时行
孟秋	立秋	凉风至	白露降	寒蝉鸣
	处暑	鹰乃祭鸟	天地始肃	禾乃登
仲秋	白露	鸿雁来	元鸟归	群鸟养羞
	秋分	雷始收声	蛰虫坯户	水始涸
季秋	寒露	鸿雁来宾	雀入大水为蛤	菊有黄华
	霜降	豺乃祭兽	草木黄落	蛰虫咸俯
孟冬	立冬	水始冰	地始冻	雉入大水为蜃
	小雪	虹藏不见	天气上升，地气下降	闭塞而成冬
仲冬	大雪	鹖鴠不鸣	虎始交	荔挺出
	冬至	蚯蚓结	麋角解	水泉动
季冬	小寒	雁北乡	鹊始巢	雉雊
	大寒	鸡乳	征鸟厉疾	水泽腹坚

象与气候的冷暖变化有一定联系，与所栽培的农作物相伴而生，所以掌握这些动植物的变化，就能大致了解气候变化的规律，更好地进行农业生产安排，进而汇集成物候农时知识。

物候知识最初是由农民从实践中得来的，后来经过总结，附属于国家历法。我国现存最早的完整古农书《齐民要术》中总结了劳动人民实践而得的物候知识，把物候与农业生产系统地结合起来。比如，谈及种谷子时，2月上旬杨树出叶生花的时候，是最好的时令；3月上旬到清明节，桃花刚开，是中等时令；4月上旬赶上枣树出叶，桑树落花，是最迟时令。关于农时，书中指出，"顺天时，量地利，则用力少而成功多"，指的是顺应天时，衡量地利，根据规律办事，就可以用较少的力收获更多成功。强调要把天地人统一起来，把自然生态同人类文明联系起来，按照大自然规律活动，取之有时，用之有度。

物候知识进一步发展，与天象变化联系起来。如观察到日影长短、昼夜盈缩、某些星宿的出没及在天空位置的变化，与一年气候的寒暖变化联系在一起，于是又进一步以天象变化来确定四季变化，指导农业生产，形成了天文历。中国天文历大概产生于黄帝时代，并出现了中国最早的一部历书《夏小正》，这部最古老的"皇历"将一年中相应的物候、天象、农事糅合在一起，分别归纳于12个月，便于记忆，有利生产。

历法与中国农历

历法也称为历，是记录和计算较长时间序列，安排年、月、日、时等计时单位时所依据的法则。主要内容包括每月日数的分配方法，一年中月的安排和闰月、闰日的安排规则，节气的安排，纪年、纪月、纪日的方法等。各国历代历法的侧重点不同，一般分为三类：

年、日依据天象的称"阳历";月、日依据天象的称"阴历";年、月、日都依据天象的称"阴阳历"。

中国农历即农业上使用的历书,是中国传统历法,也有干支历、华历、夏历、中历等名称,中国现行的是夏历。农历取月相的变化周期,即以朔望月为月的长度,加入干支历"二十四节气"成分,以太阳回归年为年的长度,通过设置闰月,使平均历年与回归年相适应。农历是以阴历为基础,融合阳历成分而成的一种历法,属于阴阳历。

中国农历既重视月相盈亏,又兼顾寒暑节气,年、月长度都依据天象而定。历月平均值约等于朔望月,历年平均值约等于回归年。大月30天,小月29天,每月以月相为起讫;平均12个月,全年354天或355天,比回归年平均少约10天21时,需加闰,闰年全年13个月,384天或385天。平均年和闰年相差天数较多。中华人民共和国成立后,采用公历纪元,同时使用夏历,也就是中国农历。

二十四节气

二十四节气是中华文明的独特贡献,被誉为中国的"第五大发明"。2016年11月30日,二十四节气被正式列入联合国教科文组织人类非物质文化遗产代表作名录。

二十四节气是中国古人通过观察太阳周年运动而形成的关于时间的知识体系及其实践,是古代农耕文明的产物。农耕生产与大自然的节律息息相关,先民干预自然的能力不足,只能顺应天时。通过观察天体运行,认知一岁中时令、气候、物候等的变化规律,形成了指导生产与生活的知识体系。农民借助节气,将一年定格到耕种、施肥、

■二十四节气黄道位置图

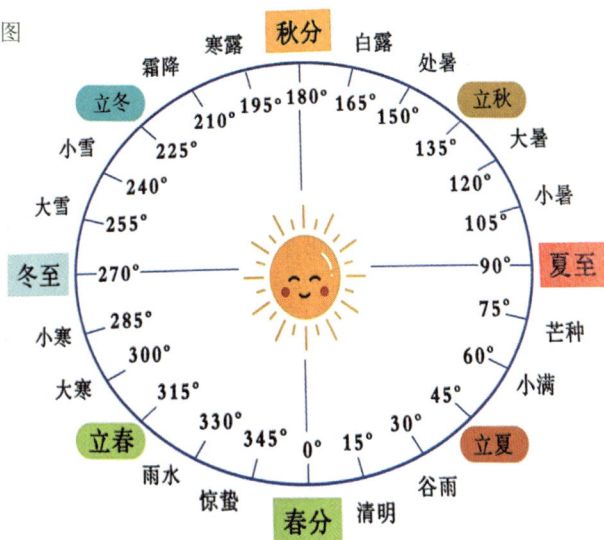

灌溉、收割等农作物生长、收获的循环体系之中，将时间和生产、生活定格到人与天道合一的状态中。

　　二十四节气是一年中地球绕太阳运行到24个规定位置（即把太阳黄经的360°划分成24等份，每15°为1个节气）时的日期。其划分源于中国黄河流域。各节气分别冠以反映自然气候特点的名称。当太阳在黄经90°阳光直射北回归线时，北半球昼最长，夜最短，称"夏至"；太阳在黄经270°阳光直射南回归线时，北半球昼最短，夜最长，称"冬至"；当太阳在黄经0°和180°阳光两次直射赤道时，昼夜平分，分别称为"春分"和"秋分"。上述的"二至"和"二分"，在春秋时代已经由圭表测日影长短法确立。战国末期，在春分—夏至—秋分—冬至—春分之间，黄经每隔45°增1个节气，分别为立夏、立秋、立冬、立春，即"四立"。秦汉时，随着农业生产发展，又分别在这8个节气之间，黄经每隔15°增加2个节气。至此，以不违农时为中心，反映一年四季变迁，雨、露、霜、雪等气候变化和物候特征的"二十四节气"已完全确立，成为农事活动的主要依据。

中国幅员辽阔，各地气候在同一节气里并不一致，农事活动也有差异。西汉刘安所著的《淮南子·天文》中有完整的二十四节气的最早记载。西汉太初元年（前104年）实施的太初历，首次将"二十四节气"订入历法。二十四节气的阳历日期基本固定，一般仅相差1天。

在二十四节气中，反映四季变化的有立春、春分、立夏、夏至、立秋、秋分、立冬、冬至；反映气温变化的有小暑、大暑、处暑、小寒、大寒；反映天气现象的有雨水、谷雨、白露、寒露、霜降、小雪、大雪；反映物候现象的有惊蛰、清明、小满、芒种。由于二十四节气主要反映的是太阳的周年运动，所以在公历中，它们的日期是相对固定的，上半年的节气在6日、21日，下半年的节气在8日、23日，前后不差1～2天。

节气歌

春雨惊春清谷天，夏满芒夏暑相连。

秋处露秋寒霜降，冬雪雪冬小大寒。

每月两节日期定，最多相差一两天。

上半年来六廿一，下半年是八廿三。

尧命羲和，授时掌农；舜耕历山，茨屋筑墙

尧指示羲和四子，让他们密切注视着时日的循环现象，测定日月星辰的运行规律，为人们制定计算时间的历法，并将历法付予百姓，使他们知道时令变化，会根据天时安排农业生产。"五帝"之一的舜，在历山耕种，用土筑墙，用茅草盖屋，人们从此走出洞穴，住进了房屋中，居住环境得到改善。

知识条目

尧、舜、禹

尧、舜、禹是中国古代部落的3位首领，尧与舜、舜与禹均为君臣关系，尧将首领之位传给了舜，舜又让位给了禹。

尧，"五帝"之一，传说是父系氏族社会后期部落联盟领袖。号陶唐氏，名放勋，史称"唐尧"。相传尧曾命羲和掌管时令、制定历法。尧生活简朴、德高望重、严肃恭谨，能团结族人，得到人民的爱戴。尧选舜为其继承人，把自己的两个女儿嫁给舜，经过3年考察，认为舜很贤德，命舜摄位行政，死后把帝位传给了舜，史称"禅让"。

舜，"五帝"之一，姚姓，一作妫姓，名重华，史称"虞舜"。相传，因四岳举荐，尧命舜摄政。舜即位之后，虚怀纳谏、任贤使能、百业兴旺，开创了政通人和的局面，成为中原地区最强大部落联盟的

首领。晚年禅位于禹。

禹，又称大禹、夏禹，夏朝开国君王。姒姓，名文命，鲧之子。原为夏后氏部落首领，舜统治时为司空，奉舜命治理洪水。据后人记载，他领导人民疏通江河，兴修沟渠，发展农业。后因治水有功，被舜选为继承人，舜死后即位。相传禹曾铸造九鼎，死后由其子启继位，禅让制终结，确立君主世袭的制度。

关于禅让制，近现代史学家大都肯定禅让制的真实性，可能就是氏族社会的会议选举制度。

大禹治水，化害为利；先民功业，世代流芳

大禹，又称禹，是一位治水英雄。黄河泛滥，危害百姓，大禹吸取前人治水不成功的教训，改堵为疏，经13年辛勤努力，最终治水成功。以大禹为代表的上古英雄人物，为人类发展立下了不朽的功业，被后人世代相传、感恩怀念。

知识条目

大禹治水

大禹治水是中国古代传说中千年传诵不息的经典故事，至今仍有广泛影响。上古时代，黄河常常泛滥，淹没庄稼、房屋，先民流离失所，只得背井离乡。当时的首领尧决心消除水患，将重任交给大禹的父亲鲧，但是鲧治水9年，大水还是没有消退。舜成为首领后，首先革去鲧的职务，将他流放到羽山，让禹治水。禹吸取了父亲采用堵截的方法治水的教训，发明了一种疏导治水的新方法，其要点就是疏通水道，使得水能够顺利地东流入海。治水期间，禹三过家门而不入。有一次，他治水时路过自己的家，听到小孩的哭声，那是他的妻子涂山氏刚给他生的儿子。他想回去看一眼妻子和孩子，但是一想到艰巨的治水任务，只得向自家茅屋行了一个大礼，眼里噙着泪水，骑马飞奔而去。

禹根据山川地理情况，将中国分为九个州：冀州、青州、徐州、

■大禹治水图
（刘旦宅 绘）

兖州、扬州、梁州、豫州、雍州、荆州。他的治水理念是把整个中国的山山水水当作一个整体来治理，他先治理九州的土地，该疏通的疏通，该平整的平整，使许多地方变成肥沃的土地。大禹经13年辛勤努力，最终治水成功，让百姓们有了稳定的农业生产环境，极大地促进了农耕社会的发展。

大禹治水的传说之所以能够流传经世，长久不衰，与其自身所蕴含的深厚文化内涵是密不可分的，同时，也与其能够表达百姓的情感诉求有着重要的关系。我国著名历史学家范文澜先生说："许多古老民族都说远古曾有一次洪水，是不可抵抗的大天灾。独在黄炎族神话里说是洪水被禹治得'地平天成'了。这种克服自然、人定胜天的伟大精神，是禹治洪水神话的真实意义。"由此可知，大禹治水的神话传说折射出了中华民族的民族精神，以及在应对自然灾害时所表现出的史无前例的智慧和勇敢。其次，这个故事强调了鲧和禹治水方法的对比，即"堵"与"疏"，寓意人与自然的关系，即对待自然，不能以强力征服，必须和谐共处，让人成为自然的一部分，以达到古人"天人合一"的最高理想境界。

农田沟洫系统

沟洫系统由畎（quǎn，意为田间小沟）、遂、沟、洫、浍组成，纵横交错，逐级加宽加深。夏商周时期，黄河中下游地区广泛存在农田沟洫系统，主要是与大禹治水相适应的排除洪涝积水的系统。因为水多为患，当向低洼地发展农业时，防洪排涝成为最突出的问题，需要采取疏通的方式，由此产生了沟洫系统。不过随着时间的推移，战国以后，农业生产面临的主要威胁变成由气候原因而产生的干旱，农田中涝洼积水的情况大大减少，不再需要建造大量的排水沟洫了。随着干旱的矛盾日益突出，农田灌溉的必要性增大，于是形成了灌溉为主的沟洫系统。

■沟洫系统解决了农田灌溉排涝问题，图片引自绘本《丰收——献给孩子的农耕文明画卷》

刀耕火种，井田阡陌；铁器牛耕，开辟八荒

农业刚出现的时候，先民采用的主要耕作方式是刀耕火种，即用火烧掉地上杂草，用石锄、石斧耕种，效率很低。商朝实行井田制，即把土地开成"井"字形，分成9块，中间1块是公田，周围8块是私田。春秋战国时期，铁制农具出现了，牛被用来做动力拉犁，两者结合，相得益彰，如虎添翼，使劳动效率大为提高。

知识条目

农具的演变

农具是生产力发展的主要标志。农业出现之初，主要的耕作方式为刀耕火种，工具比较简陋，材质多为木、石、骨、蚌，生产效率很低。随着文明的进步，人们开始冶炼金属并用于农业。在夏代，青铜工具问世，部分用于耕作，使破土效率大为提高。到春秋战国时期，铁农具出现，比青铜器更易获得，在农业生产上被广泛应用，使生产效率大大提高。战国时期，牛成了

■东周时期的青铜铲（陕西宝鸡出土文物）

■战国时期的三齿铁耙（河北易县出土文物）

■战国时期的青铜犁铧

耕作的动力，民间认为一牛能顶十人之力，铁犁与牛耕结合，显著提高了劳动效率，大片土地得以开垦。

　　古代最先进的耕地农具是中国犁，中国犁由耒耜发展演变而成。早期的犁形制简陋。春秋时期，犁的使用逐渐普遍起来。在汉代，犁基本定型。秦汉时期，犁辕为直辕，需要两牛三人来操作，相对不太灵便。到了唐代，犁辕由直辕改进为曲辕，只需要一人一牛，既方便

■汉代时期的铁制直辕犁，用二牛抬杠的方式进行耕地

■唐代出现了曲辕犁，不仅操作灵活，而且只需一头牛就可以耕地

操作，又省力，另外增加了犁箭，可以调节耕作层的深浅，是传统农具史上的一次革命性进步。全世界传统耕犁有6种类型，分别是地中海勾辕犁、日耳曼方形犁、俄罗斯对犁、印度犁、马来犁和中国曲辕犁。其中，最先进、最有效率的当属中国的曲辕犁。曲辕犁与牛的结合，直到近代仍在生产上广泛使用，随着现代机械动力进入农业生产领域，它才慢慢退出历史舞台。

刀耕火种

刀耕火种是一种古老而原始的农业耕作方式。早在新石器时代，先民们已经以这种耕作方式从事原始农业。当时的大地草木丛生、荆棘密布，先民们要在这样的环境下种植作物，得先开辟耕地。于是人们把杂草、荆棘、树木砍掉，用火焚烧。经过火烧的土地变得松软，人们用工具就地挖坑、播种，让农作物自然生长，这种农业生产方式被称为刀耕火种。

地表经火烧后所产生的富含营养的草木灰能使土壤变得肥沃，土壤的生产力亦暂时得以提升，为农作物生长提供了肥力。然而，刀耕火种一两年后，土地肥力就下降了，收成就减少了，杂草和荆棘的地下根重新萌发，影响农作物生长。人们就放弃那块地，重新找一块土地，放火烧掉地上的野草和荆棘后，用同样的方式种植农作物，过一两年后再重新找一块地。这种耕作制度被称为撂荒制或抛荒制。

随着农业生产技术的发展，到了春秋战国时期，铁制农具被发明，刀耕火种逐渐被铁犁牛耕所取代。从刀耕火种到铁犁牛耕，不仅反映了种植方式的变化，更展示了中国古代农业生产方式从粗放型向精耕细作的转变。

井田制

井田制是商周时期实行的一种土地制度，因耕地被划分为面积相等的方块田，形似"井"字而得名。关于井田制的描述最早出现在《孟子》："乡田同井，出入相友，守望相助，疾病相扶持，则百姓亲睦。方里而井，井九百亩^①，其中为公田。八家皆私百亩，同养公田。公事毕，然后敢治私事，所以别野人也。"意思是，乡里的田都要实行井田制，百姓平日出入劳作时互相结伴，防御盗贼，生了疾病互相照顾，那么百姓之间便亲爱和睦了。方圆一里为一个井田，每一井田有900亩，当中100亩是公有田，以外800亩分给8家作为私有田。这8家共同来耕种公有田。先把公有田耕种完毕，再来料理私田，这就是区别官吏与百姓的办法。

实际上，井田制与分封制相联系，也与当时的田亩耕作技术相适应。分封制最重要的内容是"授土授民"。受封的贵族领主们携自己的家族成员及属下臣吏来到封地，住在城里，不事农耕，靠当地村民供养。贵族领主对原来的土地进行重新分配，划分成小块让当地村民去耕种，然后按一定的比例收取谷物和其他农产品。这就是孟子所说的"无君子莫治野人，无野人莫养君子"，也就是说：没有官员，就没有办法管理农民，没有农民，也就没有办法养活做官员的君子。以百亩为分配的基本单位，每个户主可以得到100亩地以养家糊口，这就是每家"皆私百亩"。条件是他们必须在贵族的公田上服劳役，进行无偿的劳动，标准是8家共同耕种100亩公田，即所谓"同养公

---

① 亩，地积单位。中国古代亩均以步计，步又以尺计。单位大小历代不尽相同。一说周制6尺为步，100方步为亩；秦汉以后240方步为亩；唐以后改5尺为步，亩仍为240方步。1929年2月，中华民国政府公布《度量衡法》，规定1亩＝666.7平方米。我国现行的规定是1亩合666.7平方米。

田"。为了保证公田的收成，规定每到生产季节，8家必须先将公田上的农活干好，才能回去耕种私田，这就是"公事毕，然后敢治私事"。为了方便农夫耕种，这100亩公田一般和8家的私田连在一起，总共为900亩，这就是"井九百亩，其中为公田"。

到春秋时期，由于铁制农具的出现和牛耕的普及，与井田制相联系的"千耦其耕""十千维耦"（两人相互协作进行农业耕作的方式）的集体劳动形式过时了，而分散的、个体的、以一家一户为单位的农业经营形式兴起了，井田制逐渐瓦解。

由于后世儒者论及的井田制均以孟子的描绘为蓝本，所以无论是内容还是思想基调，都秉承了孟子的仁政思想，井田制被视为仁政典范。不过，由于井田制缺乏相关的考古资料，关于井田制是否存在，如何实行的，还存在争议。有学者认为，井田制可能仅是一种乌托邦式的理想制度。也有学者认为，受地理环境和气候因素影响，这种制度可能从未被严格实施。井田制一直是史学界重点研究的课题。

■9个方块田是一"井"，一百井叫作一"成"，一万成叫作一"同"。在井田的田与田、井与井、成与成之间，都有纵横交错、深浅宽窄各不相同的沟洫相连，形成一个庞大而有效的灌溉系统

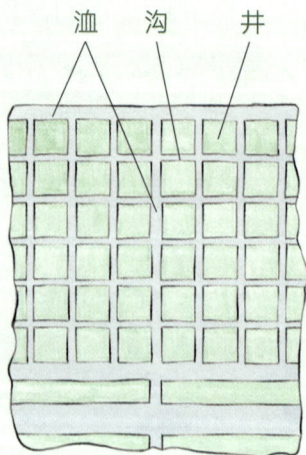

洫　沟　井

私田——
公田——

江河不驯，旱涝无定；利水润土，郑国都江

农业生产离不开水，但江河并不总是如人们所愿，旱涝没有规律，有时洪水泛滥，有时干旱无雨！为了解决农业灌溉问题，从春秋时期开始，人们不断兴修水利工程。到了战国时期，修建了著名的都江堰、郑国渠等水利工程。其中，都江堰至今依然发挥着防洪、灌溉的作用，使成都平原成为沃野千里的"天府之国"！

知识条目

中国古代农田水利工程

农田水利工程是为农业生产服务的，它的基本任务是通过各种工程措施，改善区域水利条件，调节农田用水状况，使之符合农业生产的需要，为高产、稳产创造条件。农田水利工程的范围很广泛，包括灌溉、排水、灌区防洪、水土保持等工程措施，以灌溉和排水为主要部分。

农田水利工程都是伴随农业生产的发展而不断发展的。在古代，一方面水患不断，严重影响百姓生产生活；另一方面，由于中国北方降雨量分布不均，人们迫切需要修建水利工程，将有限的降水蓄积起来，引入田间灌溉。早在上古时期，先民就已开始治理水害，发展农田水利。公元前597年修筑的芍陂是我国古代最早的大型陂塘灌溉蓄水工程。夏商时已有沟洫系统，后又进一步发展成为

较大型的渠系工程。春秋时期的期思陂、芍陂，战国时期的都江堰、郑国渠、白起渠、漳水十二渠，秦汉时期的灵渠、白渠、灵轵渠、成国渠等，都是古代农田水利工程的典型代表。

■白起渠是战国时期修建的水利工程，它以战国时期秦国的名将白起命名。白起渠在湖北省，蜿蜒49.25千米，因全长接近百里，所以号称"百里长渠"。一直到今天还发挥着作用。白起渠流经之处，沿途还串起了许多大大小小的水库和堰塘。如果把白起渠比喻成一条藤，沿渠与它通连的水库和堰塘，就好比这根藤上结出的一个个"瓜"。平时，将"瓜"关上，使渠中的水流进比较大的水库。到了灌溉的时节，将"瓜"打开，水渠给这些"瓜"送水。这种灌溉形式，叫作"长藤结瓜"

■广西兴安县境内有一条古老而著名的水渠，叫灵渠，是秦朝时期修建的一项大型水利工程。灵渠全长37千米，宽5米，连通了湘江、漓江，构成了遍布华东、华南的水运网。灵渠是世界上最早的船闸式梯级通航运河，可以供船只往来通航，也是世界知名的灌溉工程

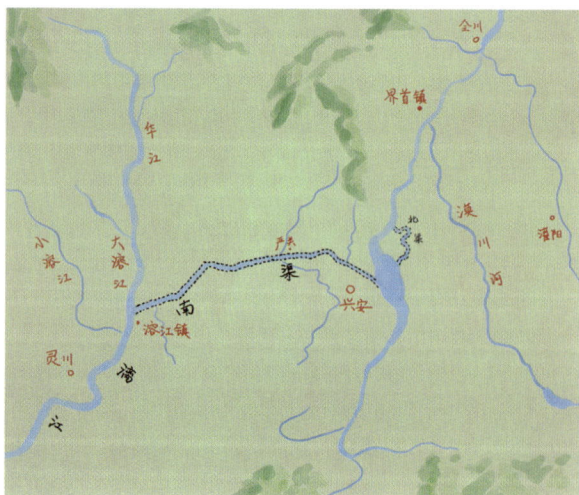

圩垸则是江南河网地区常见的农田水利工程，很多一直沿用至今。建于唐宋时期的浙江鄞县的它山堰是滨海地区御咸蓄淡灌溉工程的典型代表，还有引用地下水的新疆坎儿井等，这些农田水利工程体现了古代劳动人民的智慧，推动了我国古代农业生产的发展。

郑国渠

郑国渠是古代劳动人民修建的一项伟大的水利工程，位于今天的陕西省泾阳县西北25公里的泾河北岸。这项工程耗时10年，西引泾水，东注洛水，长达150余公里，开历代引泾灌溉之先河。

郑国渠在战国末年由秦国修建。公元前246年，韩国因惧秦，遂派水工郑国入秦，献策修渠，欲借此耗秦人力资财，削弱秦国国力。本就想发展水利的秦国很快采纳这一建议，并立即征集大量的人力和

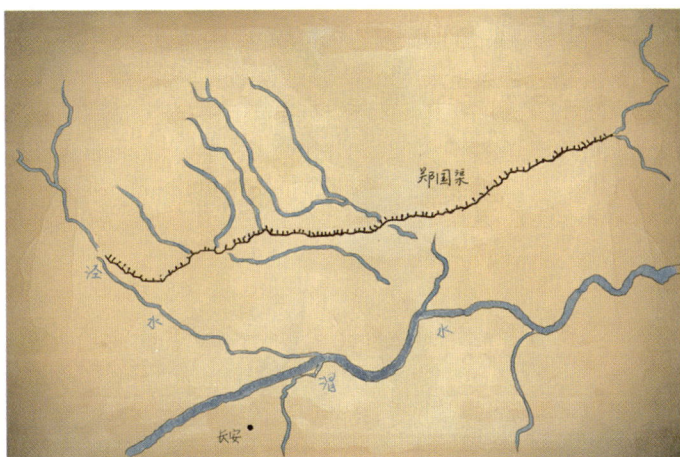

■郑国渠是战国后期秦国修建的一条水渠，位于泾河北岸，西引泾水东注洛水，全长150余公里，是我国古代最大的一条灌溉水渠。主持修建郑国渠的人是来自"战国七雄"之一的韩国，名叫郑国，郑国渠也因此人而命名

物力，任命郑国主持兴建这一工程。郑国渠修成后，大大改变了关中地区的农业生产面貌和农业生态环境。《史记·河渠书》记载："渠就，用注填阏之水，溉泽卤之地四万余顷，收皆亩一钟。于是关中为沃野，无凶年，秦以富强，卒并诸侯，因命曰郑国渠。"这段话的意思是：郑国渠建造完成后，引淤积浑浊的泾河水灌溉两岸低洼的盐碱地四万多顷，亩产都达到了六石四斗。从此关中沃野千里，再没有饥荒年，秦国因此富强起来，最后并吞了诸侯各国，因此将此渠命名为郑国渠。郑国渠"用注填阏之水，溉泽卤之地"，即用含泥沙较多的泾水进行灌溉，增加土质肥力，使农业迅速发展起来，关中地区粮食产量大幅增加，原本雨量稀少、土地贫瘠的关中变得肥沃、富庶。韩国此举适得其反，促使秦国更加强大。

史学家司马迁和班固在评价郑国渠的作用和意义时不约而同地认为，郑国渠的建成使关中之地成为秦国的重要粮仓，并加快了秦并吞六国、统一中国的历史进程。

郑国渠与修建于汉代的白渠同为陕西关中地区引泾水的重要工程，两渠也被合称为郑白渠，在唐代，郑国渠、白渠趋于混合，白渠得到发展，郑国渠逐渐被废弃。2016年11月8日，郑国渠申遗成功，成为陕西省第一处世界灌溉工程遗产。

都江堰

都江堰是我国古代著名水利工程之一，也是我国水利工程史上的一个奇迹。位于四川省都江堰市西北岷江中游，古时曾在都安县境内，被称为"湔堋""湔堰""金堤""都安大堰"等，唐代又叫"楗尾堰"，宋元以后被称为都江堰。2 000多年来一直发挥着防洪灌溉的作用，使成都平原成为水旱从人、沃野千里的"天府之国"。
2000年，都江堰被联合国教科文组织列入"世界文化遗产"名录。

发源于岷山之南郎架岭的岷江，水源旺盛，自山区转入成都平原
后，由于流速陡降，易淤易决，在都江堰水利工程修建以前，水灾十
分严重。秦昭襄王（公元前306—前251年）年间，蜀郡太守李冰父子
访察水脉，因地制宜、因势利导，主持修建了都江堰这一大型水利工
程。工程主体由分水鱼嘴、飞沙堰、宝瓶口等部分组成，后屡有扩
建、完善。至今，都江堰灌区已达30余县（市），面积近千万亩，是
世界上年代最久且唯一留存、一直被使用、以无坝引水为特征的宏大
水利工程，凝聚着我国古代劳动人民勤劳、勇敢、智慧的结晶。

■ 都江堰坐落在成都平原西部的岷
(mín) 江上，与漳河渠、郑国渠、安
丰塘一起并称为我国古代的四大水利工
程。都江堰修建于战国时期，2 000多年
来一直发挥着防洪灌溉的作用。都江堰
无坝引水，修建得极具智慧，灌溉农田
千万亩，使成都平原变成了著名的"天
府之国"

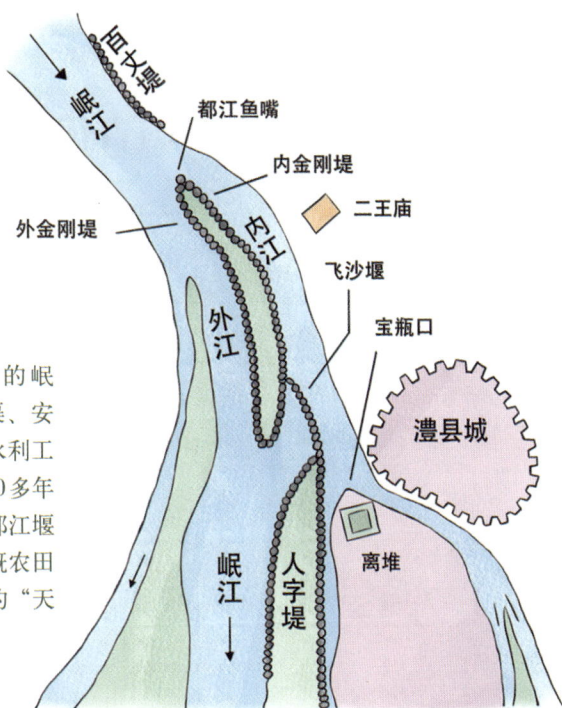

齐民要术，农政全书；承继农学，今古昭彰

　　我国古人从很早以前就开始总结农业生产过程中的技术要领，为使其便于推广和传承，于是出现了农书。现存著名的农书有《齐民要术》《农政全书》等，这些农书中的农业科技文化，在古代对生产技术的进步有重要的指导意义，在今天也依然熠熠生辉，对农业的可持续发展具有重要参考价值！

知识条目

中国古代农书

　　中国古代农书是总结和记录我国古代传统农业科学技术、生产知识和经营管理经验的著作。我国农业已有近万年历史，先民在长期的生产实践中创造和积累了丰富的经验。有了文字以后，这些经验才开始被记述。最初只有甲骨文中的个别字句和《诗经》中的个别篇章，到战国时期才开始出现专门的农书。

　　我国古代农书数量大、种类多。王毓瑚的《中国农学书录》收录了542种，北京图书馆主编的《中国古农书联合目录》收录了643种，其中，流传至今的有300余种，从内容上可以分为综合性农书和专业性农书两大类。早期的农书多属综合性农书，是古代农村和农民家庭自给自足的小农经济的反映。随着商品经济的发展和农业内部的进一步分工，专业性农书才渐渐多起来。综合性农书从体裁看，有按生产

项目编排的知识大全类农书，有按季节编排的农家月令类农书，也有兼两者特点的通用类农书；从内容涉及的范围看，有全国性大型农书，有地方性小型农书。专业性农书最早出现在相畜、兽医和养鱼等方面，晋、唐以后逐步扩展到花卉、农器、植茶、养蚕、果树等方面。中国古代农书在世界古代农书中占有重要地位，其中很多思想与技术在今天依然具有重要的价值，值得我们借鉴与运用。

目前学术界公认的5部最重要的古代农书是《氾胜之书》《齐民要术》《陈旉农书》《王祯农书》《农政全书》。这5部农书是中国现存的古代农学专著中的杰作。

《氾胜之书》，西汉氾胜之著，是我国西汉时期的一部农业科学著作，该书已经佚失，后人从其他著述中辑录出3 000多字的内容。书中总结出一种叫"区田法"的耕作方法，还介绍了"穗选法""浸种法"等选种方法和育种方法。

《齐民要术》，北魏贾思勰著，是我国现存最早的一部系统完整的综合性农业科学著作，全书共10卷，92篇，11万多字。书中对农、林、牧、渔业等方面都有详尽论述，被誉为"中国古代农业百科全书"。2020年，教育部发布了《中小学生阅读指导目录（2020年版）》，《齐民要术》被列为向高中生推荐阅读的图书。

《陈旉农书》，宋代陈旉著，是我国古代第一部

■2020年，《齐民要术》被列为教育部向高中生推荐阅读的图书

专门谈论江南地区水田农业的农书。陈旉自耕自种，下苦功夫钻研，于74岁时写完这部著作，对古代的农业生产作出了巨大贡献。

《王祯农书》，元代王祯著，是中国历史上第一部兼顾南北方农业技术、旱作与水田农业的农书，全书共37卷（现存36卷），约13.6万字，分为农桑通诀、百谷谱、农器图谱3个部分，是对当时农业生产技术的总结。

《农政全书》，明代徐光启著，是一部集前人农业科学之大成的著作。全书60卷，70余万字，书中汇集了有关农作物的种植方法、各种农具制造以及水利工程等农业技术和农学理论知识，具有重要的科学价值。

中国古代专业性农书表

元代以前农书			明清农书		
名次	专业	数量（种）	名次	专业	数量（种）
1	畜牧兽医	61	1	蚕 桑	171
2	花 卉	27	2	花 卉	166
3	竹木茶	19	3	竹木茶	64
4	园艺通论	10	4	农作物	54
5	果 树	7	5	耕作、水利	45
	气 象	7	6	畜牧兽医	44
6	蚕 桑	6	7	水 产	28
	耕作、水利	6	8	农业气象	24
7	蔬 菜	4	9	园艺通论	23
	农作物	2		蔬 菜	23
8	水 产	2	10	果 树	22
	农 具	2	11	害虫防治	20
			12	农 具	7

资料来源：《中国农业百科全书》。

中国古代农学家

农业的发展离不开农民的生产实践，同时也离不开农业知识和理论的总结与推广。在我国漫长的农业史中，形成了数量众多的农书，也出现了数量众多的农学家群体。西汉氾胜之、赵过，东汉崔寔，北魏贾思勰，唐代李石、陆羽，宋代陈旉，元代王祯，明代徐光启，清代康熙皇帝等是其中的佼佼者。他们或著有农书，或发明了农具，或培育了优良品种，为农业技术的推广起了重要的作用。

徐光启是其中一位比较特殊的人物。他和意大利传教士利玛窦等共同翻译《几何原本》等西方著作，他还主持编写历法，研究制造火器。但是，他生平最大的成就，就是写出了不朽的《农政全书》。徐光启自幼便对农业生产兴趣浓厚，考中进士，入朝为官后，仍然关注农耕。他晚年告病回乡后，搜集资料，正式开始撰写《农政全书》。全书从内容上可分为农政和农业技术两类，前者是纲领，后者是实现纲领的技术保障。农政部分是此前的诸如《齐民要术》等农书很少提及的。农业技术部分共记载了159种植物的种植方法，是古代农作物栽培技术的集大成者。

■徐光启雕塑

精耕细作，农桑并举；自给自足，汽可小康

古人在从事农业生产的时候，奉行精耕细作的耕作方式，北方形成了将耕、耙、耱三者结合的抗旱保墒体系，克服雨量不丰沛等不利条件，把水肥充分利用在有限的土地上，得到可观的收成；南方则因地制宜，形成了将耕、耙、耖三者结合的水田农业体系。与此同时，人们在从事生产时，兼顾种植大田作物与栽桑养蚕，尽量全面发展，以满足自己吃穿等基本的生存需要，达到小农生产自给自足的生活状态。

汽可小康　语出《诗经·大雅·民劳》："民亦劳止，汽可小康。"劳：劳苦、疲劳。汽：接近。小康：安养、安康。意指老百姓在劳苦之后，也该稍稍得到安乐了。

知识条目

精耕细作体系

精耕细作是我国古代农业的基本特征，也是我国古代农业长期居于世界先进水平的重要原因。

北方的黄河流域是农耕的发源地之一，黄河流域有较为深厚的黄土，便于早期以比较简陋的工具耕作。但是，由于春天风沙大且缺水，不利于农作物生产，于是古人开始寻找解决办法，逐步摸索出了

一套抗旱保墒措施，即精耕细作体系。耕地、耙地、耱地配套，可保证土壤墒情良好，让种子顺利发芽、生长；通过中耕除草，切断土壤毛细管向外蒸发的通道，可以保持土壤墒情，逐步形成了"耕—耙—耱"抗旱保墒技术体系，提高了农作物在北方干旱环境下的产量。精耕细作体系在南方表现为"耕—耙—耖"配套的水田耕作体系。

总结中国古代农业生产中精耕细作体系的核心思想，即精细耕作土地、讲究栽培技术和重视培肥地力，通过各种综合措施，保持土壤肥力，提高作物成活率和产量，促进农业可持续发展。

■五代农作图（敦煌莫高窟）

北方旱作农业系统

中国的北方地区由于受气候和降水的影响，主要从事旱作农业。华北地区降水量少且不均匀，多数情况下，春天风大、少雨，作物播种与幼苗生长期容易出现干旱，人们除了兴修水利，只能通过改良耕作技术来达到抗旱、保墒的目的。秦汉至魏晋南北朝时期，人们逐渐摸索出一套适用于旱地的土壤耕作技术，称为"耕—耙—耱"抗旱

■ 耕地作业图。使用畜力耕地、耙地、耱地的一套作业，目的是抗旱保墒，充分利用地力，这套技术体系完整出现在魏晋时期。图为嘉峪关魏晋墓壁画

■ 耙地作业图。耙是碎土农具，作用是将耕后土块耙碎，平整田面。北方土块上常附着杂草和害虫，耙地能起到消灭杂草、害虫，改善土壤结构的作用

■ 耱地作业图。耱地的主要目的是平整土地、松土保墒

保墒技术体系。这一技术体系是在深耕、中耕与代田法等技术的基础上逐步形成和发展起来的，包括"耕—耙—耱"配套技术、代田法、种子处理技术、中耕除草保墒技术、肥料积制技术、间作套种技术等，形成了旱作农业系统。先民综合运用这些技术，获得了较好收成。

南方水田农业系统

水田农业系统分布在气候湿热、地形较为平坦的南方地区，主要作物为水稻。在我国，大致以秦岭—淮河—线为界，秦岭—淮河以南是典型的水田农业系统区。

隋唐时期，特别是宋之后，北方战乱，大量人口南迁，加速了南方地区的开发，这里有平坦的长江中下游平原，有温热的气候，河湖纵横，水田成片，南迁的人口不仅带去了资金与技术，同时结合南方湿地农业的特点，对"耕—耙—耱"抗旱保墒技术体系进行改进，形成了"耕—耙—耖"配套技术体系，构成了水田农业系统。明清以后，该体系进入深入发展时期。水田农业系统除了应用在湖滨沼泽低湿地区，还用在丘陵地区和西南高山地区，并在那些地区形成了包括稻鱼共生系统在内的水田耕作系统。

■唐宋时期，南方精耕细作技术形成并发展，水田生产出现了"耕—耙—耖"的耕作模式

自给自足的农耕社会

中国自新石器时代开始，即形成了以农耕为主的生活方式，延及周代，因实行多子继承制度，不断分家析产，形成了常态化的小农家庭格局。到了战国时期，商鞅变法，规定民有二男不分家，倍其赋税，使小农家庭的结构更加稳固。文化与制度促成了秦汉及以后小家庭规模普遍的现象，明显区别于西欧大家庭的格局。由于家庭规模都比较小，加之劳动生产率较低，难以出现可用于交换的剩余农产品，对于吃穿等基本需要，只能自己设法解决。因此，在重视粮食作物的同时，也要重视桑麻的种植，兼顾衣着原料的生产，形成了农桑并重的生产格局。因为生产规模都比较小，生产目的主要是满足家庭的需要，商品生产的属性不强，属于自给自足的小生产。遇到风调雨顺的年份，有可能达到吃饱穿暖的小康生活水准。

■宋代砖雕推磨图

■山西襄汾县出土的战国时期的青铜壶采桑图细部

日出而作，日落而息；春耕夏耘，秋收冬藏

太阳出来了，农民就拿起工具，到田间地头辛勤劳动，努力耕耘；太阳在西边落下时，农民才放下农具，回家休息。一年四季，春天播下希望的种子，夏天锄掉地里的杂草，让禾苗尽情、欢快地成长，秋天收获辛勤劳动的果实，冬天则守护好贮藏满盈的仓廪，以待来年！这就是农业生产的自然规律！

知识条目

农业生产的自然规律

春种、夏耕、秋收、冬藏，四者不失时，故五谷不绝，而百姓有余食。农业生产是一个依赖于自然的产业，农民需要在土地上辛勤劳动，才能够有收获。农民的劳作规律与昼夜交替同步，总是太阳一出来就下地干活，太阳下山了才收工回家。农业生产不能随心所欲，要充分尊重自然规律，依据节气的指引，按照时序来安排生产的各个环节。一般情况下是春天播种、夏天耕耘、秋天收获、冬天贮藏。

农作物生长受气候、地域等影响，以水稻、小麦和玉米三大粮食作物为例，水稻和玉米是春播秋收，而小麦既有春季播种的，称为春小麦，也有秋季播种、来年夏天收获的，称为冬小麦。原因是小麦播种、发芽后，要经过一段时间的低温，才能开花并结出麦

粒，这种现象叫作"春化现象"。所以，在长城以内地区，人们选择在秋季播种小麦，让小麦在田野里度过冬季，以冬季的寒冷天气帮助小麦完成"春化作用"，称为"冬小麦"。但是如果天气太冷，也会将小麦冻死，所以在冬季非常寒冷的长城以外地区，如东北地区和内蒙古等地，不适宜种"冬小麦"，只适合种"春小麦"。这些都是农业生产要遵循的自然规律。

男耕女织

男耕女织是古代小农经济的典型经营方式，即一家一户经营，男性主要负责种田，解决吃饭问题，女性主要负责织布，解决穿衣问题。

食物与衣着原料是人类早期需要从自然界获取的生活必需品。农业产生以后，主要通过种植与养殖业来为人们供应吃穿原料。随着小家庭生产的模式成为普遍现象，氏族大家庭的分工让位于一家一户的独立生产。在这个过程中，考虑到男女体力的差别，所从事的劳动也

■北宋王居正《纺车图》

会有所区别，慢慢形成了家庭内部的劳动分工，即男性主耕作，女性主纺织，也就是我们所说的男耕女织。牛郎织女的传说故事就是男耕女织的艺术再现。

黄道婆与棉纺织

说到纺织，不得不提棉纺织业的重要历史人物——黄道婆。黄道婆是宋末元初著名的棉纺织家和技术改革家，是中国古代棉纺先驱，被尊为布业始祖。元代王逢的《梧溪集》、陶宗仪的《南村耕录》中都有关于黄道婆的记载。相传黄道婆是松江乌泾人，年轻时流落到崖州（今海南），居住了30多年，学得一身纺织本领，后返回故乡，毫无保留地将纺织技术传授给家乡的妇女们，教乡人改进纺织工具，制造擀、弹、纺、织等专用机具，织成各种花纹的棉织品。

■传统的麻布粗糙且保暖性差，丝绸又非常昂贵，普通百姓根本穿不起，而棉布则很好地解决了这两个问题，既经济又保暖。尤其到了元朝时期，经过棉纺专家黄道婆大力推广棉纺技术和工具后，棉布逐渐取代了麻和丝

　　黄道婆对纺织业的改革和传播，改善了宋元时代松江人民的衣装家居，也促进长江流域棉纺织业和棉花种植业的迅速发展，提升了元代棉纺织业的生产水平。到了明代中叶，棉纺织生产已经成为松江经济发展的重要支柱，各乡镇几乎家家都投入了纺织活动，所产布匹通过漕运销往全国各地乃至东亚、南亚、欧洲、美洲等地。随着布市的兴起，从事沿海运输的纱船麇集于港口，带动了上海港口贸易的兴盛，使松江府在明、清时代成了全国棉纺织业的织造中心，也有了"苏、松赋税半天下"与"衣被天下"的美誉。

　　黄道婆对棉纺织业的贡献主要有三个方面：一是传授纺织技艺，二是革新棉纺织工具，三是推广棉花种植。鉴于黄道婆传播技艺、创业生产、造福乡土等功绩，在科技史上留下了浓墨重彩的一笔，联合国教科文组织称赞她为"世界级"科学家。

应天之时，取地之利；天人合一，以实廪仓

农业生产应根据不同地区的气候与光照条件等自然条件，充分利用好土地的潜力，为天时地利与人力建立相互依存、相互协调的关系，使自然与人类和谐统一、互相成就，而不是彼此割裂，甚至互相妨碍。在这个基础上，自然界不会亏待人们，人们必将从土地中获得丰厚的回报，仓盈库满。

知识条目

古代农耕"时土物三宜"说

"时土物三宜"即因时制宜、因地制宜和因物制宜，其中心思想是：农业生产要根据天时、地利的变化和农作物生长发育的规律，采取相应的措施和灵活适宜的方法。

因时制宜。春秋战国时期，在农业生产中，"天时"处于较为突出的地位。人们认识到太阳辐射、热量、降水等气候条件能决定农作物的生长和收成好坏，因此强调在整个农业生产过程中都要加以重视。《孟子·梁惠王上》记载："不违农时，谷不可胜食也。"意思是，只要不违背农时，就会有吃不完的粮食。《荀子·王制》中提到："春耕、夏耘、秋收、冬藏，四者不失时，故五谷不绝，而百姓有余食也。"意思是，一年四季不错失时节，在春天播种，在夏天除草，在秋天收获，在冬天储存，那么农作物产出就不会断，老百姓也有余粮。

　　因地制宜。 战国时期已出现因地制宜的思想，人们认识到土地是农作物生长的载体，作为人类生活资料和生产资料主要来源的农作物，其生长主要得益于土地。而农作物生长直接受土壤、空气等环境条件的影响，要让农作物生长在与它相适宜的土地上。《管子·立政》："五谷不宜其地，国之贫也。"说的是君主治国要注意的五个问题之一：如果五谷种植没有因地制宜，那么国家就会变得贫穷。《管子·地员》通篇的主要精神，在于要按"土宜"原则，因地制宜地发展农、林等生产。

　　因物制宜。 战国时期，人们也已开始注意到"物宜"，《管

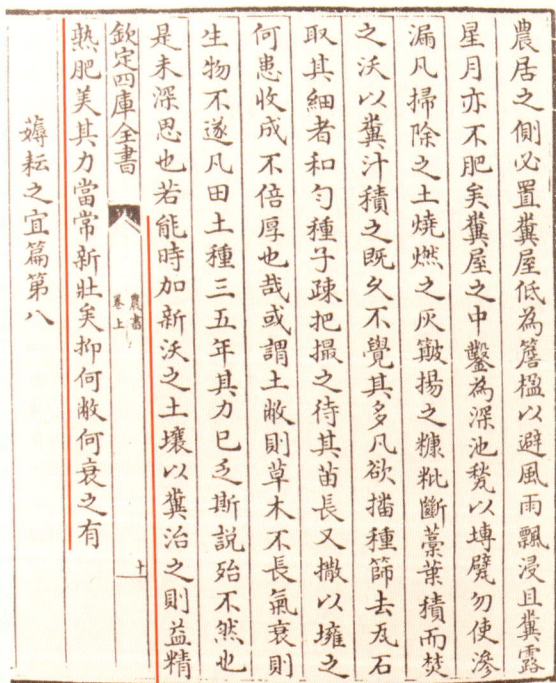

■宋代农学家陈旉提出"地力常新壮"的理论，认为将用地和养地相结合，可以保持地力长盛不衰

子·地员》中"草土之道，各有谷造""或高或下，各有草土"（说的是土壤与植物的关系，即草与土之间存在一定的规律，不同的土壤其性质不同。谷造，指禾稼适应土性成长），"凡彼草物，有十二衰，各有所归"，指出不同植物各有一定的生态环境条件。汉代氾胜之根据作物的共性，总结出"趣时、和土、务粪泽、早锄、早获"5项措施。同时，根据各种作物的特性和要求，提出不同的栽培方法和措施，从而为农业生产确立了"物宜"原则。

在中国古代农业生产中，"三宜"原则贯穿农事活动。因地耕作方面的经验是：因土质，定时宜；因土质，定耕法；因地势，定耕法；因地势，定深浅。因时耕作的经验有：因时宜，定耕法；因时宜，定深浅；因时宜，定早晚。因物耕作方面的经验则是：因作物，定时宜；因作物，定深浅；因作物，定耕法。上述在土地耕作方式上的灵活性，乃是对自然条件的复杂性和作物特点多样性的适应，目的在于通过采取多种机动灵活的耕作措施，更好地实现精耕细作、稳产丰产。

古代农耕"天地人三才"说

"天地人三才"说是在中国传统农业发展中形成的，是传统农学思想的精髓之一，大体源于春秋战国时期，经过2000多年的发展，内涵丰富而深刻。其特点是把农业生产中的天、地、人三者看成是彼此联结、相互影响的有机整体，强调人在农业生产中的调控制驭作用，注重分析生产因素间的辩证关系。

农业生产受大自然的影响非常大，所以古人很早就强调要充分利用自然环境等因素来安排生产活动，才能事半功倍。古人形成的"天人合一"早期自然哲学思想，"天"代表"道""真理""法则"，"天

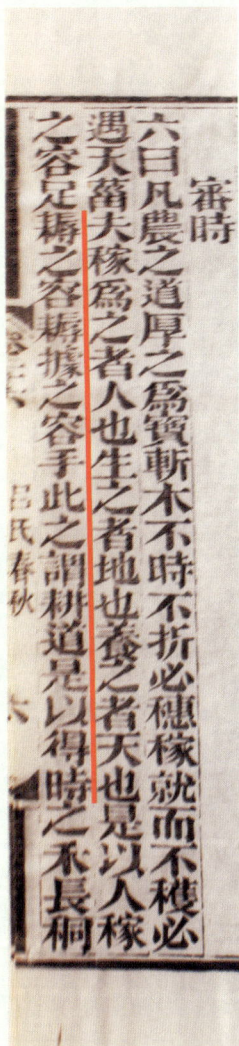

■《吕氏春秋·审时》中说："夫稼，为之者人也，生之者地也，养之者天也。"

人合一"哲学构建了中华传统文化的主体。宇宙自然是大天地，人则是一个小天地。人和自然在本质上是相通的，故一切人事均应顺乎自然规律，达到人与自然和谐。《吕氏春秋·审时》中说得更是直接："夫稼，为之者人也，生之者地也，养之者天也。"说的是，播种庄稼的是人，令庄稼成活的是土地，滋养庄稼的是天。农作物的生长是在天、地、人共同作用下完成的。

在中国传统农业不同发展时期，天、地、人得到过不同程度的重视。最初，"天"曾被放到一个较为突出的地位来看待，由于人们不能控制天时，只能利用有利于农业生产的天时，以减轻自然灾害的影响。而后便把三者看成彼此联结的有机整体，构成农业生产的三大要素，而且认为"人"在农业生产中起着更为重要的作用，这说明，中国传统农学思想一贯重视发挥人的主观能动作用。"天地人三才"理论对中国精耕细作优良传统的形成和农业长期可持续发展起到了巨大的作用。

耕读传家，勤则不匮；民生教化，行而不囿

拿起锄头耕地，放下锄头读书！这种生活理念，应被视为传家之宝！辛勤劳动，土地和庄稼不会亏待你，生活就会富足！每个人都要牢记这些，把它视为人生准则，并落实在日常的行动中，这样人生就不会迷茫。

知识条目

耕读传家

古人提倡耕读传家。耕读传家指的是既学做人，又学谋生。掌握耕田知识可以事稼穑，丰五谷，养家糊口，以立性命；读书可以知诗书，达礼义，修身养性，以立高德。耕读之家在中国古代乡土社会中往往能够得到足够的尊重，这也是吸引农家为之世代奋斗的内在精神指引。许多古旧住宅的匾额上，常常能够见到"耕读传家"这四个字。耕读传家在中国百姓中可谓流传甚广，深入民心。

关于耕读关系的认识，可追溯到春秋战国时期。孔子认为"君子谋道不谋食，耕也，馁在其中矣"，说的是君子应该有更高的追求，应谋求的是道而不去谋求衣食，因为种地也不能避免饿肚子。孟子也主张将劳心、劳力分开，"劳心者治人，劳力者治于人"，意思是，脑力劳动者统治人，体力劳动者被人统治。被孟子批的农家学派许行则主张"贤者与民并耕而食"，意思是，贤人治国应该和老百姓一道

■古代普通家庭把通过耕作实现生活和经济上的自由、通过读书入官进仕提升社会地位当作理想的生活，并以耕读传家为训

耕种而食。由此，后世形成两种传统：一种标榜"书香门第"，认为"万般皆下品，唯有读书高"，看不起农业劳动，自然也看不起劳动人民；另一种则提倡耕读传家，以耕读为荣。明代农学家、书法家马一龙批评"学者不农，农者不学"现象，提倡将农与学结合起来，实际上就是提倡耕读结合。明代末年，张履祥在《训子语》里说"读而废耕，饥寒交至；耕而废读，礼仪遂亡"，意思是，只读书而不种地会饥寒交迫，只种地而不读书则会失去礼仪，张履祥倡导子孙后代做一个良农、良士，耕读相兼，耕田治生而不忘读书修身，更加直接地将耕与读结合起来。

耕读传家观念的形成与中国古代科举制度有密切关系，我们古代早期的官员选拔制度主要是世袭制和举荐制，一般平民是没有途径做官突破阶层的。科举制从隋代开始实行，到清光绪三十一年（1905年）举行最后一科进士考试为止，历经了1298年。科举制的出现，打破了士族选官垄断的情况。一方面，科举制改善了用人的制度，使得家境贫困的读书人也可以进入朝廷，缓解了阶级矛盾；另一方面，促进了教育事业的发展，形成了人人向学的社会风气，使平民子弟通过读书有机会实现跨越、进入士族阶层。在以小农经济为主的封建社会，普通家庭把既能通过耕作实现生活和经济上的自由，又能通过读书入官进仕提升社会地位当作理想的生活，这也是耕读传家观念形成的社会根源。

耕读传家观念在中国农耕社会中形成、发展，是传统小康农家对家族文化建设的追求。耕读结合，被认为是理想的人生境界。

耕织图

耕织图是我国古代表现水稻耕种和丝麻纺织生产过程的图画。南宋刘松年画过《耕织图》，但已佚失。现存最早《耕织图》由南宋画家楼璹所作。楼璹时任於潜令，绘制《耕织图》45幅，其中耕

■清康熙的御制耕织图之织布图

■清康熙御制耕织图之耖田图

图21幅、织图24幅，有刻本流传。作品描绘的"天子三推""皇后亲蚕""男耕女织"等景象，展现了中国古代的小农经济图景，得到了历代帝王的推崇和嘉许。到了清代，康熙帝南巡，见到《耕织图》后，感慨于织女之寒、农夫之苦，传命内廷供奉焦秉贞在楼绘基础上重新绘制，计有耕图和织图各23幅，并给每幅图作诗题咏。

《耕织图》留下了古人从事农业生产的图像，是一项重要的农业文化遗产，为研究农业，特别是研究农具，留下了无法从文字资料中得到的珍贵资料。如《灌溉》《一耘》，绘出了当时人们使用戽斗、桔槔和龙骨车抽水灌田的情景。《收割》图画的是紧张的割稻场面。《织》《攀花》等图绘出了当时使用的素织机和花织机，使人们能够更形象地了解当时蚕桑及纺织的发展面貌。《耕织图》记载的许多耕织知识和生产工具一直沿用至今。《耕织图》是中国绘画史、科技史、农业史中一个独特的现象，是中国文化遗产中的一大瑰宝。

种田养猪

种田养猪是男耕女织、自给自足经济的另外一个方面。有句谚语叫作"种田不养猪，好比秀才不读书"。为什么这么说呢？这是因为在小农经济时代，农户如果只种田不养猪，是不会取得好的收成的，这就像秀才不去好好读书，最后也考不取功名一样。因为种田要施肥，不施肥则收成欠佳，而养了猪，猪粪便在那个还没有化肥的年代是很好的肥料。不养猪就没有肥料，田里的庄稼收成当然也不会好，这体现了我国古代精耕细作和自然循环的生态种养观。

中国传统小农社会以种植业为主，畜牧业为辅。畜牧业中的马是国家军事的重要依靠，自然处于六畜中的第一位；马以外的家畜养殖则都得围绕种植业来进行。养牛的目的不是为了吃牛肉，主要是为种田提供动力，所以政府提倡养牛。有的朝代不允许无故杀牛，否则处罚很重，甚至定死刑。养猪显然没有养牛重要，但是作用也是很大的：一是用于施肥，二是处理人不吃的下脚料，诸如糠麸，最后才是杀猪吃肉。通过养猪与养牛，种植与养殖形成了紧密结合的链条，同时也形成了循环利用的产业格局，小农占主体的经济结构得以固化。可见，小农经济的主要特征是人地关系相对紧张，单个劳动者所拥有的资源有限，必须节约利用。而节约的方式是最大限度地利用有限的资源，即利用劳动过程中的每个要素，而古代种养结合的方式能够做到这一点。

古人在种养之间，通过巧妙的分工，即人吃粮食，牛吃作物秸秆，猪吃糠麸，猪牛不与人争粮，也没有多余的废弃物，而牛粪与猪粪都变成肥料回到土地，构成了一个循环利用系统。

■牛耕田（钟卫东 摄）

《庄农日用杂字》

　　《庄农日用杂字》又称《庄农杂字》，出于清乾隆时期山东人马益著之手。马益著，山东临朐人，字锡朋，乾隆间岁贡，其一生从未出仕，而是长期生活在农村，因而对于当地民风民情非常熟悉，史载其"博学多闻，兼习杂家艺事，无不精妙"。全书474句，每句5字，一韵到底。从春耕、夏锄、秋收、冬藏，写出一年的农事活动，中间也写到饮食起居，男婚女嫁，既有生产知识、经验介绍，又有当地习俗的反映，以庄户语写庄户事，曲尽其妙，雅俗共赏。在写农家生活时，不但写了"擀饼大犒劳，豆腐小解馋"的穷苦百姓，还描述了"驼蹄与熊掌，猴头燕窝全"的财主人家，铺叙中间，对比鲜明。由于该书适合农民的需要，又朗朗上口，易记易懂，因而为群众所喜爱。清末民初，该书在山东及周围地区广为流传，与《三字经》《百家姓》同为儿童的启蒙读物。新中国成立后，《庄农杂字》仍备受推崇。当代作家、教育家吴伯箫在20世纪60年代初曾特意撰文，赞誉该书的价值并呼吁将其作为农民学文化的课本。

　　该书所言内容皆是农家的生活，所谓"杂字本"，是一种带有农村启蒙性质的通俗读物。相比于《农政全书》，《庄农杂字》是一份非常具有代表性的民间文献资料，内容广泛涉及农业生产、衣食住行、农闲副业、信仰活动、新春节庆等日常生活的方方面面。同时，这又是一本农业技术的科普图书，既介绍生产知识和经验，又反映当地习俗，是农民识文断字的教材，也是农民耕作的指导。和清朝中期相比，如今的农业生产和生活习俗已发生了很大的变化，而且《庄农杂字》也不再是农村启蒙教材，知道它的人越来越少。但是，其对于了解传统乡村民俗、了解农耕文化仍然具有极大价值。

生之庶之，富之教之；旧业维新，代代发扬

农业是一项古老的产业，也是社会运行的基础。没有发达的农业，就不可能支撑人口的大量繁衍、生活的不断改善、社会的不断进步。农业具有顽强的生命力，同时也在不断进步。今天，我们要赋予它新的生气，让更多的人认识它、喜欢它，参与其中，不断丰富它的内涵，使人们从物质、精神两个方面得到滋养提升。这样，古老的产业就会与时代一同发展，不断焕发出无限生机！

庶之、富之、教之 语出《论语·子路》。子适卫，冉有仆。子曰："庶矣哉！"冉有曰："既庶矣，又何加焉？"曰："富之。"曰："既富矣，又何加焉？"曰："教之。"这段对话的意思是，孔子带着他的学生冉有一起到了卫国，孔子看见卫国街道上的人很多，不禁连声感叹："人口真多呀！"冉有听见了，就向孔子请教："人口多了，进一步该如何呢？"孔子回答说："让人们富有起来。"冉有继续问："人们富有之后，又当如何呢？"孔子回答说："那就教化他们吧。""庶"（人口繁盛）、"富"（物质丰富）、"教"（民心教化）是儒家传统文化中关于国家治理的"三步论"，有着逻辑递进的关系，而农业发展是基础和前提。

旧业维新 语出《诗经·大雅·文王》，"周虽旧邦，其命维新"。《诗经·大雅·文王》是一首歌颂周文王的诗，大意是周虽然是旧的邦国，但其使命在于"新"。这里的"新"，既可以作为动词，表示"革新"，也可以作为形容词，表示保持一种"常新"的状态。这里引用的意思是，农业虽然历史悠久，但在不同的时代发挥不同的功能，历久弥新。

知识条目

农耕文化

　　农耕文化，是指在长期农业生产中形成的一种适应农业生产、生活需要的国家制度、礼俗制度、文化教育等文化的集合。中国农耕文化集道家文化、儒家文化等多种文化为一体，形成了独特的文化内容和特征，主体包括国家管理理念、人际交往理念以及语言、戏剧、民歌、风俗、各类祭祀活动等，是十分广泛的文化集成。农耕文化的地域多样性、民族多元性、历史传承性和乡土民间性，不仅赋予其中华文化的重要特征，也是中华文化绵延不断、长盛不衰的重要原因。

　　农耕文化是中华五千年文明发展的重要物质基础和文化基础。农耕文化内涵丰富，可以分为农耕实物文化和农耕意识文化。农耕实物文化，是指以实物形式保留并流传下来的因素，具体形式有农作物、耕作方式、农耕器具、农耕服饰、农用建筑等。农耕意识文化，是指在农耕生产方式基础上产生的意识形态的文化因素，具体包括岁时节日、农事礼仪、神话谚语、民俗民谣等。

农耕文化类型	类别	形式	内容
农耕实物文化	生产类	生产场地	围田、涂田、架田、梯田等
		生产设施（包括水利设施）	芍陂、都江堰、郑国渠、坎儿井、粮仓、畜舍等
		生产工具	犁、耙、锄、镰刀、叉、扫帚、锨、辘轳、石磨等
		生产产品	禽畜、鱼类、五谷、蔬菜、水果、茶叶、木材等

（续）

农耕文化类型	类别	形式	内容
农耕实物文化	生活类	建筑	华南沿海地区的骑楼，客家的五凤楼、围垄屋及土楼，西南民族地区的竹楼，黄土高原上的窑洞，青藏高原上的碉房，蒙古包，侗寨等
		服饰	藏袍、旗袍、发簪、千层底鞋、刺绣、织锦等
		饮食	酒、醋、茶，各地菜系等
		器具	青铜器、陶器、瓷器等
	文艺类	书画	农业书籍、年画，农民画等
		园林	庭院、花园等
		手工艺品	泥人、蜡染、彩灯、剪纸、手编花篮、风筝、糖人等
农耕意识文化	制度	农业政策	重农抑商、籍田亲蚕制、孝悌力田论、劝农等
		农业赋税	初税亩、田赋、摊丁入亩、地丁银等
		土地制度	氏族公社土地公有制、奴隶主贵族土地所有制、封建地主土地所有制、自耕农土地所有制、井田制、均田制等
		农业管理	授历明时、推广农业技术、加强农业基础设施建设等
	习俗	技艺	农技、工具制作、器皿烧制等
		语言	方言、农谚等
		节庆	二十四节气、春节、中秋节、端午节等
		祭祀	社祭、封禅、郊祭等
		宜禁	宜动土、宜出门、禁搬迁、禁酒等
		婚丧	婚礼、丧礼等
		风水	相地、时辰、方位等
		娱乐	歌舞、嬉戏等
	思想	神灵	神灵崇拜、祖先崇拜、图腾崇拜等
		道德	忠孝仁义、三纲五常等
		政治	修身、治国、齐家、平天下等
		哲学	应时、取宜、守则、和谐等

游牧文化

　　游牧文化的产生可追溯至新石器时代末期。历史上，在中国北方干旱的草原地区，人们受地理条件所限，不宜从事农耕，只能依赖游牧、狩猎等生产方式生存繁衍，逐步形成了游牧民族。游牧民族以游

■骑射图画像砖（酒泉市博物馆藏）

■骑士画像砖（酒泉市肃州区博物馆藏）

牧生活为主，经过长期的开拓和实践，创造出灿烂的富有草原色彩的语言、饮食、服饰、建筑、礼仪、祭祀、宗教、哲学、艺术等一系列文化集合，即游牧文化。

游牧文化与农耕文化是中华文化历史上的两大主体文化类型，对古中国的发展和民族融合起到了重要作用。在中国西部和北部地区，主要生存着以游牧为主的民族，他们发展形成的游牧文化对中原的农耕文化产生了重要影响，对民族的融合和中华文化的形成有着不可忽视的作用。正是因为农耕文化和游牧文化的碰撞和融合，造就了屹立于世界文明之林的中华文明。

重农固本·魂

我国是农业大国，农业、农村、农民问题始终是关系党和国家命运兴衰的重中之重。中国共产党成立100年来，中国共产党与农民群众的血肉联系，始终是革命和建设事业成功推进的重要保障。党在革命、建设、改革的不同时期，都十分强调要正确认识和解决农民问题，强调工农联盟的重要作用，强调与农民群众保持血肉联系。

　　新中国成立后，在党的领导下，建立了以工农联盟为基础的人民政权，实现了农民翻身当家作主的政治愿望，土地改革实现了"耕者有其田"的要求。农民拿出了战天斗地、重整山河的豪情壮志，投身农业生产和农村建设。

　　改革开放时期，党尊重和支持农民包产到户的伟大创造，实行了家庭联产承包责任制，连续多年颁发中央一号文件，取消了种种政策束缚，开启了市场取向的改革新时代，农民群众率先走上了脱贫致富的道路，成为改革的先行者与发展成果的共享者。2006年1月，《中华人民共和国农业税条例》废止，这意味着在我国沿袭 2 600 多年的农业税收的终结。停止征收农业税让亿万中国农民彻底告别了"种田纳税"的历史，减少了负担，增加了收入。

党的十八大以来，党和国家深入推进农村改革和制度创新，实施农村土地"确权颁证"和"三权"分置、保持土地承包关系稳定并长久不变，激发农村发展活力，农业高歌猛进，牢牢端稳了中国人的饭碗，农民收入稳步提高，农村基础设施和人居环境不断改善。"三农"问题不是固定不变的，在不同的历史时期，它的焦点和主要任务会有所不同，但是它始终是中国现代化过程中的基本问题。如今，中央一号文件已成为中共中央、国务院重视"三农"问题的专有名词，强调了"三农"问题在党和国家事业"重中之重"的地位。

一个政党，最难得的就是历经沧桑而初心不改，饱经风霜而本色依旧。重视农业、重视农村、重视农民是我们党和国家一以贯之的政策。

洪范八政，食为政首；务农重本，国之大纲

农业是治国安邦的头等大事。《尚书·洪范》提到了古代国家施政的八个重要方面，将老百姓的吃饭问题排在了第一位，这就是人们常说的"民以食为天"！自古以来，重视农业生产都是国家的根本大计。

洪范八政 源自班固（东汉）《汉书·食货志第四》，"洪范八政，一曰食"。"洪"意为大，"范"意为规范，"洪范"即国家的统治大法。"食为政首"是从《汉书·食货志》中概括化用而来。据《尚书·洪范》记载，周武王灭商后，箕子向其建议应重视"八政"，即食、货、祀、司空、司徒、司寇、宾、师等，分别是指粮食、布帛与货币、祭祀、工程与土地管理、赋役征敛、刑狱、礼仪、士子教育诸事。这"八政"是中国古代国家施政的八个重要方面，其中农业更是治国安邦的头等大事。北魏贾思勰在《齐民要术》"序"中又称："舜命后稷，食为政首"，认为"食为政首"是帝舜任用后稷为农官时的命辞，将这一观点上推至上古时代。

2013年12月23日，习近平总书记在中央农村工作会议上发表重要讲话指出："洪范八政，食为政首。"我国是个人口众多的大国，解决好吃饭问题始终是治国理政的头等大事。他还强调，粮食安全是国之大者。

知识条目

农本思想

农本思想在《晋书·列传第八》中有比较明确的记载。攸奏议曰：

"臣闻先王之教,莫不先正其本。务农重本,国之大纲。当今方隅清穆,武夫释甲,广分休假,以就农业。"这句话的意思是,司马攸向皇帝奏议说:我听说先代帝王的教化,没有不先端正根本的。重视发展农业,是国家的根本大计。如今四方安定,武士们应当脱下盔甲,四散休假,去从事农业。中国古代的重农思想可溯源至周朝时虢文公的谏辞。当时周宣王"不籍千亩",也就是不去行籍田大礼,虢文公于是进谏:民众的大事在于农耕,上天的祭品靠它出产,民众的繁衍靠它生养,国事的供应靠它保障,和睦的局面由此形成,财务的增长由此奠基,强大的国力由此产生。反映了古人对农业的基础地位的深刻认识,是为重农思想之先声,以后思想家的有关论述,大都源于此。

《墨子·七患》中提到"故先民以时生财,固本而用财,则财足。"意思是,古代贤人不违背农时来生财,巩固根本而用财有度,那么财富自然就丰足。这是农为本理论的萌芽。不过,先秦诸子虽不同程度地强调、关注农业发展,但大多停留在理论、观念形态。农本思想真正落实于农业生产实践并制度化,是从魏国李悝变法开始的,由商鞅将其践行推广。商鞅在中国历史上最先倡明"事本禁末"口号,并将它作为耕战理论的核心内容之一,贯彻到治国方略中。在他看来,富国只有发展农业生产,"明君修政作壹,……壹之农,然后国家可富,而民力可抟也。"意思是,英明的君主治理国家应专心于农耕和作战,只有专心于农耕,这样国家才能富强,民众的力量也可以凝聚了。农本思想在春秋时代萌芽,到战国时得到充分发展。先秦诸子中的孔子、墨子、李悝、商鞅、韩非以及汉初的贾谊、晁错,都非常重视农业,主张"农为政本"。

农业是人的衣食之源,国家的财富之泉,社会安定的保障,赢得战争的必备条件,所以成为社会的基础产业、国家的立国之本。固本必先保农，实行男耕女织，形成以五谷为主、农桑并重、兼营六畜的产业结构，并把人固定在土地上，"不出乡里""重土少迁"，在小范围内自给自足，从而达到百姓安居、国家稳定的目的。重农思想主导的经济思想，贯穿于漫长的封建社会时期，到明清两朝也没有发生根本的变化。

自古以来，我国就是崇尚农业、以粮为本的国家。在以农业为主要产业以及生产力水平较低的古代社会，粮食问题关乎国家安全和社会稳定。因此重农思想和粮食安全观念始终是古代思想文化的重要内容，"民以食为天"正是这方面的真实写照。纵观华夏五千年文明史，历朝历代的统治者无不把粮食问题摆在治国安邦的重要位置。中国古代许多关于"粮食安全观"的论述和实践，既反映了古人朴素的生存思想和强烈的忧患意识，也是历史经验教训的精辟总结，非常值得后人借鉴和重视。

中国古代重农政策

发展农业是古代国家的主要经济职能之一。重农作为经济政策，产生于先秦时期。战国时始有农本之说，明确指出"务本""强本"。自战国起，重农抑商成为中国的传统经济政策。统治者通过实施各项重农政策，鼓励农民从事生产，通过抑制商业来巩固以农为本的经济结构。与抑商相联系的重农政策，对中国古代社会经济产生了重要影响。

中国古代重农政策内容丰富，主要包括劝农政策、开垦政策、水利政策、蠲免政策、储备政策，以及为贯彻落实这些政策而制定的相应的制度和措施。

劝农政策。劝农政策是指国家劝勉、鼓励、指导农民从事生产的政策，是国家刺激生产以固本宁邦的首要政策，包括籍田亲蚕制、设立农官、指导农耕、奖励耕织等。

开垦政策。开垦荒闲田土，增加耕地，是扩大农业生产的基本途径之一。中国古代历代统治者均将鼓励开垦列为重要农业政策，在各个朝代建立初期，统治者都特别强调以垦荒来迅速恢复遭到破坏的农业生产。封建社会后期，在人口激增的情况下，统治者更鼓励拓垦、扩大生产，以养活众多人口。随着土地不断被垦辟，开垦地区从平原、边疆向山地、河湖淤地逐渐转移。

水利政策。水利是农业的命脉，除害兴利、防灾保收是水利政

■明代年画《鞭春牛》。由春官执鞭，有规劝农事、策励春耕之意

策的目的。中国古代的水利工程主要分为两个方面：一是治河，即修筑河堤，疏通河道，以防泛滥。主要是治理黄河，其次为永定河、淮河、长江等主要河流，以及其他影响农业生产的地方性河流。二是兴修农田水利，即农田排灌及与之相配套的农田整修。先秦重在疏通河道与沟洫排涝，战国始兴堤防工程和农田灌溉。秦统一后，黄河中下游有了统一堤防，又出现漕运，治河成为历代王朝的重要任务，农田水利也不断发展。

蠲免政策。这是古代统治者常用的、在某些情况下减免赋税的政策。蠲免方式有恩蠲、灾蠲与常蠲。恩蠲是统治者因重大喜庆而实行的优免，带有偶然性；灾蠲是对遭受水、旱、虫、风等自然灾害的地区实行的赋税减免；常蠲是统治者在国家财政收入比较充裕的情况下，对各地轮流实行的常年蠲免。前两种方式贯穿于整个中国古代史，第三种方式主要

发生于中国古代史后期。总的来看，蠲免是为了减轻农民负担，保证农业生产。因此，蠲免政策既是社会救济性政策，也是生产性政策。

储备政策。我国古代的物资储备分为国储与民储，其形式为各种粮仓储备，主要是正仓、常平仓、义仓、社仓。前两种为国储，后两种为民储。正仓作为官仓，主要备作皇粮官俸。常平仓是政府为调节粮价、储粮备荒以供应官需民食而设。义仓和社仓是各地为备荒而设置的粮仓。古代粮仓储备与生产的关系密切，仓储的主要功能为平粜，即调节市场粮价，平常贷放以扶助农民维持生产，灾年赈饥救荒。储备主要来自赋税、士民捐输及其他非固定来源。储备政策受历朝政府重视，其制度也渐趋完善。

历代重农政策的实施情况不尽相同。一般在各朝前、中期，重农政策基本上可以得到贯彻落实；到了王朝后期，由于社会动乱、经济崩坏，这类政策措施也随之被废止。中国古代农业能够在传统生产力的基础上达到较高水平，重农政策起到了积极推动作用。

中国农业四大发明

中国古代科技有四大发明，实际上中国的农业也有四大发明，其价值丝毫不逊于前者。其中，水稻驯化、大豆利用、养蚕缫丝和种茶制茶，被誉为"中国农业四大发明"，其对世界文明的发展产生了广泛而深远的影响。

水稻驯化。中国人率先驯化了水稻，其历史可以追溯到1万多年前。水稻是中国重要的粮食作物之一，也是亚洲第一大粮食作物，世界第二大粮食作物，是约占世界40%人口的口粮。

大豆利用。中国是大豆的故乡，大豆是中国古代重要的粮食作物，是传统五谷之一，中国先民在5 000年前就已经开始种植大豆。

大豆营养丰富，蛋白质含量高，被誉为"田中之肉"和"绿色牛乳"，在油料作物中占有重要的地位。

养蚕缫丝。中国是丝绸的故乡，是世界上最早开始养蚕缫丝的国家。据考古材料，距今5 000年前，生活在中国原始社会的先民就已经掌握了养蚕缫丝的技术。在文化交流史上，丝绸起了极其重要的作用，推动形成了东西方贸易之路——丝绸之路，让西方人通过色彩鲜艳的丝绸认识了东方的文明古国——中国。

种茶制茶。中国是茶的故乡，茶早已成为国饮，如今也是风靡世界的三大饮料之一。中国是茶树的原产地，茶树最早出现在西南部的云贵高原、西双版纳地区。三国时，魏朝已出现了茶叶的简单加工，后经唐、宋、元等时期的发展技术不断成熟，并衍生出绿、白、黄、黑、红、青等六大茶类。

■茶

■大豆

■水稻

■丝绸

中国农业四大发明

春则祈年，秋则报赛；四时和顺，足食丰裳

古时候，皇帝在二十四节气中的立春日，会率领文武大臣前往都城东郊举办祭天仪式，祈求风调雨顺、五谷丰登；在立秋日，则会前往都城西郊举办仪式，感谢上苍让今年有好的收成，让百姓能够吃饱穿暖。

知识条目

春祈秋报

"春祈秋报"指春秋两季祈求丰年和感恩丰收的礼制活动。其出自《诗经·周颂·载芟》："《载芟》，春籍田而祈社稷也。"意思是《载芟》是周王在春天播种前向社稷祈祷丰收时唱的歌谣。孔颖达疏："既谋事求助，致敬民神，春祈秋报，故次《载芟》《良耜》也。"

据史书记载，早在周朝，帝王就有春分祭日、夏至祭地、秋分祭月、冬至祭天的习俗。其祭祀的场所称为日坛、地坛、月坛、天坛。分设在东南西北四个方向。北京的日、月、天、地四坛就是明清皇帝祈天祭地的地方，过去每年春夏秋冬四季皇帝都要在这里举行隆重的祭祀活动，以求"政通人和、国泰民安、风调雨顺、万事如意"。《国语》载："于是乎有朝日、夕月以教民事君。"说的是，古时候有祭祀日、月这样的仪式来教导民众侍奉君王。这里的夕月，指的正是在夜晚祭祀月亮。这种风俗不仅为王公贵族所奉行，随着社会的发展，也逐渐传到民间。

古代皇帝中，康熙皇帝曾行亲耕礼，祭祀先农。这种礼仪，是表

示对农业的敬重和关心，历史上早已有了。《礼记》中就记载，天子三推、三公五推、卿诸侯九推，就是耕地的时候，天子扶犁走三个来回，三公扶着走五个来回，公卿扶着犁走九个来回。这种仪式真正去做的皇帝极少，而康熙行亲耕礼却很认真。

劝农

劝农是中国古代发展经济的重要政策，指国家采取一些政策，劝勉、鼓励、指导农民从事农业生产。劝农政策及各项具体措施的实行，有利于劝励天下，督促农功，发展农业生产，促进经济发展、社会稳定。

政策之一是籍田亲蚕制。早在西周时期，周天子为了鼓励百姓从事农桑，每年春耕开始时都在其领地行籍田礼，王后也率领嫔妃采桑饲蚕，各诸侯国也有相应的仪式，这个制度历代相沿，清代还推广到地方。

政策之二是设立农官，管理、督导农事活动。从先秦到清代，政府普遍设置专职官员督课农桑，并以其成绩作为政绩考核的标准。据《国语》载，西周农官以后稷为首，包括农师、农正等。春秋战国时，有的国家设立"大田"，为掌管农业与税收的职官。秦代中央有治粟内史。汉代中央设置大司农以执掌农事、督劝农桑，边郡有农都尉主管屯田殖谷。自隋至元，中央皆设司农卿统管农事。元、明、清都规定以劝课农桑的实绩为吏治考核的首要内容。

政策之三是政府委派专官或颁行农书，具体教谕、指导耕作，推广作物新品种，推广先进农具和耕作技术。先秦农稷之官指导农业生产，总结农业生产经验，形成先秦农家中的"官方农学"，《吕氏春秋》上农篇所引《后稷农书》《礼记·月令》等即为其代表作。战国时李悝提出"尽地力之教"，即教谕农民勤勉耕作，掌握农时，开展多种经营，增加产量。明清时期，各级政府重视推广作物新品种，如甘薯、玉米、良种稻等。中国古代耕作技术与农具已发展到较高水平，不少作物新品种得到大规模推广。

政策之四是政府推选出勤勉耕作的人并给以褒奖，或使之担负乡间劝督、指导农桑的责任。战国时期秦国商鞅奖励农耕，对生产成绩优异者免除一定差徭。汉代鼓励力田，将力田提到与孝悌并重的地位，给予勤力耕作的农民、自耕农一定爵位，恢复依附农的自由。

这些劝农政策很多时候是被综合运用的。汉代初期，由于战乱，采取了与民休息的政策，轻徭薄赋，同时为了发展农业生产，营造了重农的氛围，在农官制度相对完备的基础上，汉代帝王亲耕，地方官吏劝勉农桑，乡里社会选拔"力田"助成重农风气，营造了从中央到地方的劝农氛围。地方官吏作为汉代官府的代表，躬劝农耕，具有比较大的号召力，收到良好的效果。汉代著名的农官赵过，在推广技术的过程中发明了耧车（播种工具）。历朝历代政府都不同程度地重视农业、推广新技术，以适应社会经济与文化发展的需要。劝农促进百姓安居乐业、社会稳定，为国家政策的顺利实施创造了更好的条件，形成一种良性循环。

■清《雍正像耕织图》之耙田

食之饮之，慕德而从；饥之渴之，社稷动荡

　　老百姓只有吃饱了、穿暖了，才会遵守道德和法律；如果老百姓吃不饱、穿不暖，无法安居乐业，社会就会动荡不安，国家政权也会受到威胁。

知识条目

社稷

　　社稷是古代帝王、诸侯所祭的土神和谷神。社为土神，泛指土地；稷为谷神，泛指粮食。中国古代以农立国，土地和粮食是最重要的，粮食丰收，意味着国泰民安，社稷久而久之就成了国家政权稳固的象征。所以，社和稷是以农为本的中华民族最重要的原始崇拜物。东汉班固撰《白虎通义·社稷》："王者所以有社稷何？为天下求福报功。人非土不立，非谷不食。土地广博，不可遍敬也；五谷众多，不可一一而祭也。故封土立社，示有土尊。稷，五谷之长，故立稷而祭之也。"意思是，天子为什么要设立土地神和五谷神？是为了替天下百姓祈求神的赐福、报答神的功德。没有土地，人就不能生存；没有五谷，人就没有食物。土地广大，不可能全都受人礼敬；五谷众多，不可能全都用于祭祀。所以封土立社，立土地神以示土地尊贵。稷是五谷中最重要的粮食，所以立稷为五谷神并祭祀。

后来，社稷演化为国家的代称，《孟子》云"民为贵，社稷次之，君为轻"，这里的社稷指的就是国家。西汉礼学家戴圣所编《礼记·曲礼下》提到"国君死社稷"，意思是一国之君应该与国家共存亡。

社稷坛

古代统治者为了祈求国运太平，五谷丰登，每年都要祭祀"社稷"，即土地神和五谷神。位于北京的社稷坛，就是明清帝王祭祀社稷、祈祷丰年的场所。

社稷坛依《周礼·冬宫考工记》"左祖右社"的规定，置于皇宫之右（西），即今北京市东城区天安门西侧、中山公园全园轴线的中心。原为辽、金兴国寺和元万寿兴国寺遗址。明永乐十八年（1420年）建社稷坛，清乾隆二十一年（1756年）重修。与其他建筑区别的是，社稷坛为"坐南朝北"。

社稷坛面积22万余平方米，分为两部分：内墙有方坛，坛为汉白玉砌成的3层方台，上覆五色土，坛北为拜殿（今中山堂）和戟

■北京社稷坛

门；外墙有保卫和平牌坊、习礼亭、兰亭碑亭、荷池、水榭、假山等。方坛上覆盖的五色土是最引人注目的，中黄、东青、南红、西白、北黑，象征金、木、水、火、土五行，也象征东、南、西、北、中五方。方坛中央原有一方形石柱，又名"江山石"，象征江山永固，石柱半埋土中，后全埋。

社稷坛1914年改建为中央公园，1925年，孙中山逝世后曾在此停灵，1928年改名为中山公园。1988年被国务院批准为全国重点文物保护单位。

值得一提的是，历朝历代皇帝都重视农耕，有官祀先农的传统。现位于北京市西城区的先农坛，就是明清两代帝王祭祀先农神的场所。先农坛始建于明永乐十八年（1420年），全部建筑原由内外两重围墙环绕，周长3 000米，外墙于北洋政府时期拆除。现存建筑有先农神坛、观耕台、神仓、庆成宫、太岁殿等。皇帝会在先农坛行籍田礼，彰显农为国本、重农敬农的理念。

■清朝皇帝祭先农坛图

五千年史，沧桑大道；国不贱农，太平盛昌

在中华民族五千年历史长河中，每逢盛世，百姓安居乐业，处于乱世，百姓流离失所，这中间的朝代更迭、时空变迁，给后人留下许多经验教训。只有国家不轻视农业，保障农业生产顺利开展，老百姓吃饱穿暖，生活无忧无虑，天下才能太平，社会才能呈现繁荣昌盛的景象。

知识条目

农本与王朝更迭

中华文明经历了约上下五千年的发展历程。历史上，王朝往往初期励精图治，与民休息，到了中后期，则加重农民负担，横征暴敛，不顾农民的死活，腐败丛生，农业生产受到伤害，农民起义此起彼伏，最后政权被推翻，王朝更迭，新的王朝诞生。一般来说，历史上重视农业、农村与农民的王朝往往兴盛；不重视农业、农村与农民的王朝则民不聊生，社会动荡。

温饱的意义

人人要穿衣，天天要吃饭。饱食暖衣，是中国老百姓孜孜以求的梦想。但历朝历代都没能圆上这个温饱梦，只有在中国共产党的领导

下，才端稳了中国人的饭碗，让中国人的饭碗装满中国粮！

　　旧中国，在帝国主义和封建主义的双重压迫下，广大农民饥寒交迫、任人宰割。共产党领导农民打土豪、分田地，从根本上废除了封建土地制度。新中国成立后，党领导农民通过互助组、初级社、高级社，把生产资料私有制改造为社会主义公有制，建立和发展社会主义集体经济。改革开放以来，在坚持农村土地集体所有的前提下，农民被赋予了土地承包经营权，积极性空前高涨；沿袭两千多年的农业税被取消了，党的十九大提出实施乡村振兴战略，在更多强农惠农富农政策的支持下，农民迎来了最好的时代。2021年，中国的脱贫攻坚战取得了全面胜利，区域性整体贫困得到解决，"两不愁三保障"（不愁吃、不愁穿，保障义务教育、基本医疗和住房安全）全面实现，延续了几千年的温饱问题得到彻底解决，中国实现全面小康。

■河南省尉氏县
农民喜获丰收
（李新义 摄）

雄鸡一唱，换了人间；土地改革，翻身解放

中国共产党带领全国各族人民经过不懈努力，推翻了"三座大山"。1949年，新中国成立，中国人民从此站起来了。新中国实施了农村土地制度改革，将土地平均分配给农民，过去受压迫的农民从此翻身，做了土地的主人。

知识条目

农民运动

农民运动是农民反对地主阶级的封建压迫和剥削，争取经济、政治利益而进行的斗争，一般是指中国共产党成立初期和大革命时期党领导农民开展的革命运动。1926年，毛泽东在《国民革命与农民运动》一文中指出："农民问题乃国民革命的中心问题，农民不起来参加并拥护国民革命，国民革命不会成功；农民运动不赶速地做起来，农民问题不会解决；农民问题不在现在的革命运动中得到相当的解决，农民不会拥护这个革命。"国民革命兴起后，轰轰烈烈的农民运动推动了党对"三农"问题认识的全面拓展，推动了工农联盟思想的形成。农民运动在中国共产党的领导下，对于推翻帝国主义、封建主义和官僚资本主义在中国的统治，起到了十分重要的作用。

在中国共产党人中，最早认识到农民的力量，最早开展农民运动的是广东海丰人彭湃。彭湃是中国共产党老一辈无产阶级革命家、

中国农民革命运动先导者、著名的海陆丰苏维埃政权创始人。他撰写的《海丰农民运动》一书，成为从事农民运动者的必读书，他也被誉为"农民运动大王"。1921年9月，浙江萧山衙前村农民大会召开，标志着中国第一个新型农民组织宣告成立。1922年7月，彭湃在广东海丰县成立第一个秘密农会，到1923年5月，海丰、陆丰、惠阳三县很多地方建立了农会，会员达到20多万人。农民有了组织，便开始行动，发动了一场空前的农村大革命。

■《湖南农民运动考察报告》

1924年1月，国共合作正式建立以后，革命力量从四面八方汇集起来，形成了反对帝国主义和封建军阀的革命新局面。从1924年7月起，广州农民运动讲习所在彭湃、毛泽东等共产党人的主持下连办6届，有力地促进了全国农民运动的开展。1926年，随着北伐胜利进军，由广东开始的农民运动掀起了高潮并迅速发展到全国。1926年6月，农民协会已遍及全国17个省、200多个县，会员达915万人。毛泽东于1926年11月担任中共中央农民运动委员会书记，以湖南、湖北、江西、河南农民运动为工作重点，从1926年夏到1927年1月，湖南农民协会会员从40万人激增到200万人。

中国共产党成立后，不断实践和总结，逐渐重视"三农"，注重引导农民。1925年10月至1926年8月，中共中央相继发出《告农民书》《中央通告第四号——成立农委发展农民运动并定期报告农运工作》等一系列指示，毛泽东撰写了《国民革命与农民运动》《湖南农民运动考察报告》等重要文章，全国的农民运动迅猛发展，为党从更深层次、更广阔的领域认识农民问题提供了实践基础。大革命失败后，毛泽东带领的秋收起义部队来到井冈山，开创了第一个农村革命根据地。轰轰烈烈的农民运动，动摇了帝国主义、封建主义和官僚资本主义在中国的统治基础，在中国革命史上写下了浓重的一笔。

农民运动讲习所

　　农民运动讲习所是大革命时期国共两党合作创办的培养农民运动骨干的学校。从1924年7月至1926年9月，广东革命政权在广州先后举办了一至六届农民运动讲习所。北伐军占领武汉后，1927年3月至6月，在武昌举办了中央农民运动讲习所。在这一时期，其他许多地方如广西、湖南、福建等也举办了农民运动讲习所或农民运动讲习班。农民运动讲习所名义上是由国民党中央农民部或各地方党部农民部主办，实际上是共产党人负责并起着主导和核心作用。如广州农民

■农民运动讲习所旧址

运动讲习所一至六届主任、所长均由共产党人担任，武汉中央农民运动讲习所主要由毛泽东主持实际工作，教员大多由共产党人担任。仅广州农民运动讲习所一至六期和武昌中央农民运动讲习所，就培养了1 600多名学员，有力地促进了全国农运的发展。

举办农民运动讲习所的使命，正如《中央农民运动讲习所开学宣言》中所说，"是要训练一班能领导农村革命的人材出来，对于农民问题有深切的认识，详细的研究，正确解决的方法，更锻炼着农运的决心，几个月后，都跑到乡间，号召广大的农民群众起来，实行农村革命，推翻封建势力。中央农民运动讲习所可以说是农民革命大本营。"

农民运动讲习所教育的特点是：进行以国民革命为中心内容的政治教育，以提高学员的思想政治觉悟；进行武装斗争和建立农民武装教育，并进行军事训练，使学员毕业后能指导农民组织农民自卫军，成为农民武装自卫的领导者；组织学员到农民运动和农民自卫军搞得好的地方参观学习，对农民问题和农村情况进行调查研究，增强学员从事农民运动和搞好农民自卫军建设的决心和力量。

农民运动讲习所的学员毕业后，深入各地农村开展农民运动，组织农民自卫军，对推动全国农民运动的迅猛发展，对组织广大农民开展轰轰烈烈的反帝反封建农村大革命，作出了重大贡献，也为第二次国内革命战争时期中共领导的农村游击战争播下了革命种子。

农村包围城市

农村包围城市是以毛泽东同志为主要代表的中国共产党人，从中国革命的具体实际出发，把马克思列宁主义关于武装夺取政权的学说同中国革命斗争的实际相结合，在长期的革命斗争实践中逐步摸索出来的具有中国特色的新民主主义革命的理论。基本内容包括：中国的民主革命必须首先在敌人统治力量较薄弱的农村进行，发动农民武装暴动，建立人民军队，开展农村游击战争和土地革命，建立农村革命根据地，实行工农武装割据，以革命的农村作为基地，借以在政治、经济、军事、文化方面积蓄和发展革命力量，改变敌强我弱、敌大我小的形势，然后攻占中心城市，夺取全国政权和全国革命的胜利。

农村包围城市的理论，是根据中国革命的特点，在党和人民的集体奋斗中建立起来的。1927年大革命失败以后，严峻的形势迫使中国共产党人开始寻找中国革命的新道路。从南昌、秋收、广州三次武装起义以及各地一百多次起义的挫折中，中国共产党人开始认识到，在中心城市武装夺取政权的道路在中国走不通，没有巩固的农村革命根据地，起义即使取得胜利，也不可能巩固。毛泽东首先将武装斗争的立足点放在农村，创造性地解决了为坚持和发展农村根据地所必须解决的一系列根本问题，从理论上对中国革命道路问题进行了精辟的阐述。1928年10月，毛泽东在主持召开的湘赣边界党的第二次代表大会上，首次提出了"工农武装割据"的重要思想，对于中国农村区域的小块红色政权能够存在和发展的原因进行了论证。1929年至1930年，在农村游击战争已经广泛开展，而城市斗争则始终处于困难境地的情况下，毛泽东探索并总结了斗争的经验，进一步提出了以乡村为中心的思想。1930年1月，毛泽东在《星星之火，可以燎原》中，深刻地论述了在中国建立红色政权的重大意义，提出在半殖民地的中国，建立和发展红军、游击队和红色区域，是无产阶级领导下的农民斗争的最高形式和促进革命高潮的最重要因素，提出了土地革命、武装斗争和革命根据地这三个方面有机结合发展革命的总概念，形成了以农村包围城市，最后夺取城市的关于中国革命道路的思想。农村包围城市，武装夺取政权的道路，是在中国条件下，对马克思列宁主义关于武装夺取政权学说的重大发展。

大生产运动

　　大生产运动，是抗日战争时期中国共产党领导抗日根据地军民开展的以自给为目标的大规模生产自救运动，在克服严重的物质生活困

■根据地军民开展大生产运动

难的过程中，发挥了决定性的作用。1939年，抗日战争进入相持阶段后，国民党顽固派对陕甘宁边区实行经济封锁，当困难刚刚露头的时候，中共中央在延安召开生产动员大会，毛泽东发出了"自己动手"的口号。1941年，中共中央再次强调必须走生产自救的道路，号召军民开展大生产运动，根据地军民响应党中央号召，坚持生产自救，取得了显著的成绩。同年春，八路军第三五九旅开进南泥湾实行军垦屯田，他们发扬自力更生、奋发图强精神，使昔日荒凉的南泥湾变成了"粮食堆满仓，麦田翻金浪，猪牛羊肥壮"的"陕北好江南"。

大生产运动的总方针是"发展经济，保障供给"，针对以个体经济为基础的、被敌人分割的、进行游击战争的农村环境，中共中央还制定了一系列具体方针：在各项生产事业中，实行以农业为主，农业、畜牧业、工业、手工业、运输业和商业全面发展的方针；在公私关系和军民关系上，实行"公私兼顾""军民兼顾"的方针；在上下关系上，实行统一领导、分散经营的方针；在生产和消费的关系上，实行努力生产、厉行节约的方针；在组织经济中，实行合作互助、开展生产竞赛、奖励劳动英雄的方针。

在大生产运动中，中央领导人以身作则，带头劳动。毛泽东在自己的窑洞下面开垦了一块地面，种上了菜；朱德组织一个生产小组，开垦菜地3亩；1943年，中央直属机关和中央警卫团举行纺纱比赛，任弼时夺得第一名，周恩来被评为"纺纱能手"。

开展大生产运动后，敌后根据地人民负担大大减轻，军民生活明显改善。1942年到1944年的3年中，陕甘宁边区共开垦荒地200多万亩。到1945年，边区农民大部分做到"耕三余一"，部分做到"耕一余一"。

大生产运动是中国共产党带领军民自力更生的一曲凯歌。它不仅支持了敌后的艰苦抗战，而且积累起一些经济建设的经验，培养了广大干部与群众同甘共苦、艰苦奋斗的优良作风。2021年，在中国共产党成立100周年之际，在延安大生产运动中培育出的"自力更生、艰苦奋斗"的南泥湾精神作为第一批伟大精神之一被纳入中国共产党人精神谱系。

土地改革

旧中国的土地制度极不合理，占农村人口总数不到10%的地主、富农占有农村70%～80%的土地，他们以此残酷地剥削贫农、雇农。而占农村人口总数90%以上的贫农、雇农、中农和其他人民，则只占有20%～30%的土地，他们终年辛勤劳动，却不得温饱。这是旧中国贫穷落后的根源之一。

土地改革是中国人民在中国共产党领导下，彻底铲除封建剥削制度的一场深刻的社会革命，是中国民主革命的一项基本任务。早在1927年秋收起义后，毛泽东率军引兵井冈山，将工作重点由攻打城市、组织城市暴动调整为领导农民"打土豪、分田地"，开展土地革命，实现"耕者有其田"。抗战胜利后，中国共产党进一步顺应农民愿望，1946年5月4日，中共中央发布《关于土地问题的指示》。1947年7月17日至9月13日，全国土地会议在西柏坡召开，通过了《中国土地法大纲》，解放区开展了轰轰烈烈的土地改革，到1947年年底，解放区大部分农民分得了土地和财产，农民彻底翻了身，成了土地的主人。解放区农民迸发出了难以估量的革命热情和无穷的力量，他们对共产党更加信任和拥护，踊跃参军参战、缴粮支前，为人民军队提供了雄厚的、源源不断的人力物力。新中国成立前，占

■ 1950年《中华人民共和国土地改革法》颁布，农民从封建土地关系的束缚中彻底解放

翻身农民在看政府颁发的土地执照（王纯德 摄）

农民学习土地改革法

全国面积约1/3的东北、华北等老解放区已基本完成土地改革，消灭了封建剥削制度。新中国成立后，按照《中国人民政治协商会议共同纲领》的规定，国家要"有步骤地将封建半封建的土地所有制改变为农民的土地所有制"。1950年6月28日，中央人民政府委员会第八次会议通过《中华人民共和国土地改革法》，6月30日公布。据此，到1952年年底，除部分少数民族地区和台湾地区外，全国土地改革都已完成。约3亿无地、少地的农民（包括老解放区农民）共没收分配了地主阶级约7亿亩土地和大批耕畜、农具、房屋、粮食。农

民从封建土地关系的束缚中彻底解放，生产积极性大大提高，有力促进了农业生产和农村经济的迅速恢复和发展，为中国逐步实现工业化扫除了障碍。

土地改革是中国几千年来在土地制度上从未有过的最彻底的改革，是近代以来中国人民反对封建主义斗争取得胜利的历史性标志。它的完成，标志着在我国延续了几千年的封建制度的基础——地主阶级的土地所有制至此彻底消灭了，农民真正成为土地的主人。在土地改革中建立了农村基层政权，促进了工农联盟，加强了人民民主专政。土地改革带来了农村生产力的解放，促进了农业的迅速恢复和发展，以及农村文化教育的发展，为国家工业化奠定了基础，为社会主义改造和社会主义建设创造了有利条件。

农民翻身得解放

近代以来，中国农民处于帝国主义、封建主义和官僚资本主义的压迫和奴役之下，处在社会的最底层；分散落后的小农经济模式，生产力水平低下，加上沉重的剥削，广大农民饥寒交迫、极度贫困、任人宰割。中国共产党把农民作为革命的基本力量，建立工农联盟，领导农民"打土豪、分田地"，在解放区率先开展土地改革，从根本上废除了封建土地制度，使农民翻身得解放。

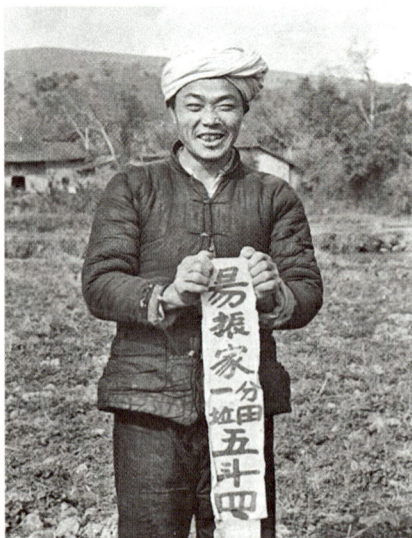

■农民喜得土地，翻身解放

新中国的成立，为人民群众的翻身解放提供了最可靠的前提和保障。在广大农村，1950年冬到1952年年底的土地改革，真正实现了中国农民数千年来得到土地的梦想。土地改革的彻底实行使几千年的封建经济枷锁被彻底打碎，使亿万农民在政治上做主，经济上翻身，思想上觉醒。"对于中国几亿无地和少地的农民来说，这意味着站起来，打碎地主的枷锁，获得土地、牲畜、农具和房屋。但它的意义远不止于此。它还意味着破除迷信，学习科学；意味着扫除文盲，读书识字；意味着不再把妇女视为男人的财产，而建立男女平等关系；意味着废除委派村吏，代之以选举产生的乡村政权机构。总之，它意味着进入一个新世界。"①

刘巧儿与新婚姻法

1950年5月1日，《中华人民共和国婚姻法》正式颁行，这是新中国制定的第一部法律。它明确规定："废除包办强迫、男尊女卑、漠视子女利益的封建主义婚姻制度。实行男女婚姻自由、一夫一妻、男女权利平等、保护妇女和子女合法利益的新民主主义婚姻制度。"毛泽东将其誉为"普遍性仅次于宪法的根本大法"。回顾这段历史，就不得不提及在催

■新凤霞领衔主演的评剧《刘巧儿》剧照

---

① ［美］韩丁. 翻身——一个中国村庄的革命纪实. 北京：北京出版社，1980.

生、实施、普及这部新婚姻法中发挥过重要作用的刘巧儿的原型——封芝琴。

刘巧儿的原型叫封芝琴（1924年5月至2015年2月12日），出生于甘肃省华池县悦乐镇上堡子村，乳名叫封捧儿。封捧儿4岁时，她被父亲许给张湾村的张柏为妻。18岁那年，父亲嫌张家贫寒，又将她许给了朱家后生。张家按照当地"抢亲"习俗，将封捧儿抢到了家中，封捧儿的父亲便以"抢劫民女罪"将张家告上华池县司法所。司法裁判员认为张柏"抢亲"婚姻无效，一对鸳鸯就这样被拆散。1942年4月4日，封捧儿翻山越岭80余里到庆阳城，找到陕甘宁边区陇东专署专员马锡五告状，请求为自己申冤做主。马锡五召开群众大会，公开审理了封捧儿婚姻案，宣布封捧儿与张柏的婚姻有效，使这对有情人终成眷属。婚后，封捧儿为自己起了个新名叫封芝琴，成为解放区农村妇女争取自由婚姻的典型。

发生在边区的"刘巧儿抗婚"的故事，不仅成了新闻报道长期广泛关注的对象，而且为文艺工作者们提供了极为生动的创作素材。先后创作的陕北说书《刘巧团圆》，秦腔多幕剧《刘巧儿告状》等作品深受广大群众欢迎，风靡一时。自此，一个由文艺工作者命名的、以争取婚姻自主为题材的文艺形象——刘巧儿，深入人心，影响至今。1950年，随着《中华人民共和国婚姻法》的实施，由新凤霞领衔主演的评剧《刘巧儿》成为宣传新婚姻法的最佳载体，在全国范围迅速传播，刘巧儿为我国婚姻法的实施与宣传立下了功劳。

从1950年我国第一部婚姻法颁布，到1980年我国婚姻法的第一次修订，再到2001年我国婚姻法的再次修订；从"婚姻自主"写入第一部婚姻法，到1978年被写进《中华人民共和国宪法》，再到1986年写入《中华人民共和国民法通则》，又到目前《中华人民共和国民法典》婚姻家庭编的出台，无不彰显着我国婚姻家庭法制建设的不断完善。而以封芝琴抗婚为原型的刘巧儿，一直伴随着我国婚姻家庭法制建设的成长与进步。

2009年6月8日，时任中共中央政治局常委、国家副主席习近平到甘肃庆阳视察，在日程安排很紧的情况下，仍专程看望了封芝琴老人。习近平说："你是刘巧儿的原型，刘巧儿的事迹大家都知道，它既是一种文化，又是法制教育的一个很重要的经验，还是我们党联系群众的一段佳话。你这段故事对现在的干部，对下一代很有教育意义。"

农村的扫盲运动

新中国成立之初，全国5.42亿人口中，文盲率高达80%，农村的文盲率更是高达95%，有的地方甚至十里八村也找不出一个识文断字的人来。中国人民在政治上翻了身，但是如果不识字就不能在文化上翻身、不能彻底翻身。文盲率高成为制约新中国经济社会发展的巨大障碍。

早在1945年，毛泽东在中共七大上就指出："从80%的人口中扫除文盲，是新中国的一项重要工作。"1950年9月，第一次全国工农教育会议在北京召开后，一场大规模的识字扫盲运动在全国各地迅速展开，扫盲班遍布工厂、农村、部队、街道，人们以前所未有的热情投入到学习文化的热潮中。到1953年止，农民中扫除文盲308万人，农村出现了不少"文化村"。

1955年6月，针对农民文化水平依然很落后、农村文盲率远高于全国平均水平的情况，国务院颁布《关于加强农民业余文化教育的指示》，提出"社会主义是不能建立在大量文盲的基础之上的""积极地开展农民业余文化教育，扫除文盲，克服我国农村文化落后状态，已成为当前一项重要的政治任务"。1956年1月，中共中央政治局在《一九五六年到一九六七年全国农业发展纲要（草案）》中提出，"从1956年开始，按照各地情况，分别在12年内，基本上扫除青年和壮年中的文盲"，"争取在乡或者社逐步设立业余文化学校，以便进一步提高农村基层干部和农民的文化水平"。

在农村，通过开办扫盲办、识字班、普及村小学等手段，扫盲运动轰轰烈烈开展起来。山东省莒南县高家柳沟村的识字班是全国农村扫盲运动的一个典型。高家柳沟村的团支部创办农民记工学习班，因地制宜教大家认字，为农业合作社培养记账员，收到很好的效果。1955年12月27日，毛泽东主席对收入《中国农村的社会主义高潮》一书中的《莒南县高家柳沟村青年团支部创办记工学习班的经验》一文作了长达800多字的重要批示，称赞"高家柳沟村的青年团支部做了一个创造性的工作"。高家柳沟村成为全国农村文化建设和农村教育的典范，相继办起了12个青壮年学习班、6个妇女学习班。到1971

■北京市许多妇女进入成人夜校
（柯善文 摄）

■山东省宁晋县小学教师辅导学生

年，高家柳沟村基本扫除了青壮年文盲。

新中国成立之初的扫盲运动使得到土地的农民不仅成为土地的主人，而且能够识字看报，打开知识文化的大门，从而在精神上得到了解放，真正成为自由的人，也为广大农民通过技术革命改变农村落后面貌提供了重要的历史条件，迈出了中国社会主义新农村建设最初的步伐。

从全国来看，扫盲运动不仅有效地降低了文盲率，1949—1965年的10多年时间，共有近1亿青壮年文盲脱盲，文盲率由80%迅速下降至38.1%，也改变了一代人的生活和命运，为新中国建设以及各项事业的发展壮大奠定了坚实的基础。经过几代人的努力，2021年5月11日，第七次全国人口普查显示，中国文盲率已降至2.67%。

申纪兰与男女同工同酬

申纪兰（1929年12月29日至2020年6月28日）是山西省平顺县的一位农村妇女。1951年12月10日，山西省平顺县西沟村李顺达农林畜牧生产合作社成立，22岁的申纪兰当选为副社长。面对合作社劳力不足的困难，她上任的第一件事就是动员、带领社里的妇女，打破"好男走到县，好女不出院"的古训，走出院门和男人一样下田劳动。申纪兰四处走访，向妇女宣传"劳动才能获得解放"的道理，终于动员社里22个妇女下田参加了集体生产劳动。然而，按照社里的规定，男人下田一天记10分工，妇女下田一天记5分工，挫伤了妇女们的积极性。于是，申纪兰就带领西沟妇女在太行山上和男人们展开了一场"劳动竞赛"活动，用实际行动证明男女干的活是一样的，从而为西沟妇女争取到了"男女干一样的活，记一样的工分"待遇。就这样，男女同工同酬在这个太行山脚下的小山村里率先实现。

　　1952年12月初，申纪兰在长治地区农业生产合作座谈会上介绍了西沟村实行男女同工同酬的实践。特邀参会的人民日报社记者蓝邨据此撰写了长篇报道《劳动就是解放，斗争才有地位——李顺达农林畜牧生产合作社妇女争取男女同工同酬的经过》，刊发于1953年1月25日《人民日报》。"男女同工同酬"受到广泛关注并得到了党中央的高度重视，直至写入宪法。

　　作为中国仅有的一位从第一届连任到第十三届的全国人大代表、全国劳动模范、全国优秀共产党员、"改革先锋"称号获得者、"共和国勋章"获得者，申纪兰积极维护新中国妇女劳动权益，倡导并推动"男女同工同酬"写入宪法，成为农村妇女的一面旗帜。改革开放以后，她扎根农村，勇于改革，大胆创新，为发展农业和农村集体经济，推动老区经济建设和老区人民脱贫攻坚作出巨大贡献。

■20世纪50年代初，申纪兰（右二）发动妇女参加劳动

八字宪法，兴修水利；携壶荷箪，军民垦荒

为了更好地发展农业，提高农作物产量，毛泽东提出了"八字宪法"，号召大家兴修水利。20世纪五六十年代，共兴修了8万余座水库，很好地解决了农业生产中的灌溉问题；同时，为了扩大耕地面积，大家吃、喝都在田间地头，军人和老百姓一同开垦荒地，发展农业生产。

携壶荷箪 出自白居易的《观刈（yì）麦》："妇姑荷箪食，童稚携壶浆。"意思是妇女们用扁担挑着盛着食物的竹筐，小孩子们手里拿着盛满汤的水壶。

知识条目

农业合作化

农业合作化又被称为农业社会主义改造，指新中国成立后，在中国共产党领导下，通过各种互助合作的形式，把以生产资料私有制为基础的个体农业经济，改造为以生产资料公有制为基础的农业合作经济的过程，是过渡时期总路线的一个重要组成部分。农业合作化遵循农民自愿原则，采用示范、说服和国家援助的办法，使农民自愿联合起来。

农业合作化一共经历了3个阶段。第一阶段是1949年10月至1953年，以办互助组为主，同时试办初级形式的农业合作社。第二阶段是1954年至1955年上半年，初级社在全国普遍建立和发展，由于条件成

熟，步骤稳妥，较好地贯彻了自愿互利的原则，初级社的发展基本上是稳步而健康的，80%以上增产增收，互助合作的优越性逐步显现。但1954年的严重水灾使中国的农业增产未能达到计划目标，从而影响到1955年的整个计划。第三个阶段是1955年下半年至1956年年底，是农业合作化迅猛发展时期。1955年7月31日至8月1日，中共中央召开省、市、自治区党委书记会议。7月31日，毛泽东在会议上作了《关于农业合作化问题》的报告，对农业合作化的理论和政策进行了系统阐述，并对合作化的速度提出新的要求。到1956年年底，全国农业生产合作社共达75.6万个，入社农户达到了11 783万多户，占全国总农户的96.3%，其中，高级社54万个，入社农户占全国农户总数的87.8%，基本上完成了由农民个体所有制到社会主义集体所有制的转变。原定15年基本完成的农业社会主义改造，到1956年年底就基本实现了，并提前了8年。

在农业合作化过程中，走依靠贫农、贫下中农，团结中农的阶级

■1956年6月，第一届全国人大第三次会议通过《高级农业生产合作社示范章程》，要求把社员私有的主要生产资料转为合作社集体所有，组织集体劳动

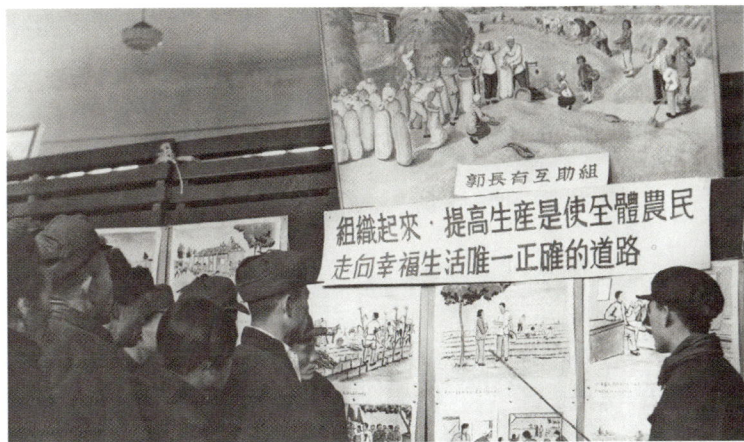

■互助组宣传专栏

路线，运用典型示范和说服教育农民的办法，按照3个互相衔接的步骤，由点到面、由低级到高级逐步发展。农业合作化在农业生产力没有发生根本变化的条件下，把小农个体经济改造成为集体经济，使农业经济制度发生了根本性变化，是夏商以来中国几千年农耕文明历史上的一次伟大而深刻的变革。但由于在全国实现高级合作化的速度过快，执行过程中出现偏差，主要表现为要求过急、工作过粗、改变过快，形式也过于单一，以致遗留了一些问题。

兴建水利工程

新中国成立后，全国各地洪涝灾害十分严重。1949年，全国发生大面积水灾，严重威胁人民群众的生命财产安全。1950年夏，淮河发大水，灾情严重，农田受灾面积达4 687万亩，灾民约1 300多万人，倒塌房屋89万余间，治理水患成为十分紧迫的任务。另外，恢复国民经济，为开展大规模经济建设做准备，也需要大力发展农业，兴修水利亦是亟需之务，是新中国成立后着力开展的重要工作之一。虽然新中国刚刚成立，但党和国家高度重视水利建设，确定了"防止水患，兴修水利，以达到大量发展生产的目的"的水利建设的基本方针，颁行了一系列政策措施，不仅修复了在战争中被破坏的原有水利灌溉设施，还新建了一大批农田水利工程，取得了显著的成效。

■1958年8月，中央提出水利工程"以小型工程为主、以蓄水为主、以社队自办为主"的建设方针。至1981年年底，全国已建成大中小型水库86 881座，总蓄水库容达4 169亿立方米

■黄淮海平原盐碱地改造前

■黄淮海平原盐碱地改造后

1950—1952年，全国共扩大灌溉面积4 017万亩，增产粮食数百万吨。在第一个五年计划时期（1953—1957年），先后兴修了许多大型灌溉工程，如河南的人民胜利渠、白沙水库，山东的打渔张灌区，江苏苏北灌溉总渠，新疆"八一"胜利渠，青海的北川渠、东原渠，陕西的洛惠渠等工程。另外，还整修、扩建了四川都江堰、宁夏唐徕渠等灌溉工程，整治了长江、黄河、淮河、海河、珠江、辽河、松花江等大江大河。同时，发动群众兴建了无数小型水利工程，如小水库、塘、坝、水井等，并改善了提水工具，发展了机电排灌。1957年冬到1959年夏，连续出现了两次农田水利建设高潮。1958年8月，中央提出"以小型工程为主、以蓄水为主、以社队自办为主"的水利工程建设方针。至1981年年底，全国已建成大中小型水库86 881座，总蓄水库容达4 169亿立方米；同时，开掘与兴建人工河近百条，新建万亩以上灌区5 247处，其中50万亩以上大型灌区66处；机电排灌动力由新中国成立前的6.62万千瓦增加到5 075万千瓦，机井237万眼；灌溉面积达7.2亿多亩；初步治理易涝面积2.6亿亩，改良盐碱地6 200万亩。

农业"八字宪法"

1954年9月，周恩来同志在第一届全国人民代表大会第一次会议上作的政府工作报告中首次提出了建设"现代化的农业"。毛泽东同志深知科学技术对发展现代农业的重要性，根据我国农民群众的实践经验和科学技术成果，于1958年提出农业八项增产技术措施，即农业"八字宪法"。"八字"为"土、肥、水、种、密、保、管、工"，指在农事活动中，人们应根据土壤状况选择要种植的农作物，合理积肥和施肥，兴修水利工程，选用优良品种，注意防治病虫害，做好田

■1958年，毛泽东根据我国农民群众的实践经验和科学技术成果，提出"土、肥、水、种、密、保、管、工"农业八项增产技术措施，即农业"八字宪法"。图为某团某连全面落实农业"八字宪法"，争分夺秒地收储丰收的粮食

间管理，革新农业机具。

农业"八字宪法"是现代农业科学理论和传统农业实践经验的结合，指明了我国农业生产的着力点，因地制宜地采取这些措施，能有效促进农作物稳产高产。农业"八字宪法"影响当代中国农业20多年，在相当程度上促进了农业生产的发展。

屯垦戍边

新中国成立后，为了开发边疆、建设边疆和保卫边疆，黑龙江、内蒙古、甘肃、新疆、西藏、云南、广西、广东、海南等边疆省区建立了数量众多的国营农场和大批相应的工交建商企业，同时，在此基础上创办了配套的教科文卫等社会事业，边疆农垦由此诞生，这对推动边疆经济发展、发展文化社会事业、维护社会稳定、保卫国家安全，起到了重要的作用。

1954年10月，中共中央军事委员会命令驻疆人民解放军10多万名官兵就地集体转业，同时汇集来自全国各地的大中专毕业生、城乡青壮年，组建新疆生产建设兵团，开垦边疆、屯垦戍边。1955年初春，王震将军点燃了开发建设黑龙江垦区的第一把火。1956年起，农垦大军在黑龙江、新疆、广东等地的荒原野岭掀起了屯垦开荒的新高潮。此后，几代农垦人发扬"艰苦奋斗、勇于开拓"的农垦精神，建成了现代农业大基地，成为我国国有农业经济的骨干和代表，推进中国新型农业现代化的重要力量。

60多年来，新疆生产建设兵团以屯垦戍边为使命，在天山南北的戈壁荒漠和人烟稀少、环境恶劣的边境沿线，开荒造田，建成了一个个农牧团场，逐步建立起涵盖食品加工、轻工纺织、钢铁、煤炭、建材、电力、化工、机械等门类的工业体系，教育、科技、文化、卫生等各项社会事业取得长足发展。2020年，新疆生产建设兵团实现生产总值2 905.14亿元，全年粮食总产量241.44万吨，特别是棉花

■1954年10月，中共中央军事委员会命令驻疆人民解放军10多万名官兵就地集体转业，组建生产建设兵团，开垦边疆，屯垦戍边。图为新疆生产建设兵团在戈壁滩规划建农场

■黑龙江农垦建三江七星农场大力发展智慧农业，现代观光农业稻田画巧夺天工（公国维 摄）

总产量达213.41万吨，占全国产量的36.1%。

当年的黑龙江农垦，如今已改制成为北大荒农垦集团，有耕地4 448万亩、林地1 362万亩、草地507万亩、水面388万亩，是国家级生态示范区，2010年被农业部命名为"国家级现代化大农业示范区"。北大荒农垦集团已经具备超过400亿斤[①]的粮食综合生产能力和商品粮保障能力，粮食生产连续10多年稳定在400亿斤以上，为保障国家粮食安全作出了重大贡献。2021年，在中国共产党成立100周年之际，以"艰苦奋斗、勇于开拓、顾全大局、无私奉献"为主要内涵的"北大荒精神"作为第一批伟大精神之一被纳入中国共产党人精神谱系。

人民公社

新中国成立后，广大农村经过农业合作化运动，普遍建立了农业生产合作社，在兴修水利等实践中，一些地方尝试小社合并成大社，并出现以"公社"命名的组织，1958年8月，毛泽东视察河北、河南、

---

① 斤为非法定计量单位，1斤＝500克。

山东、河南等地，肯定了"人民公社"这个名称。后经新华社和《人民日报》报道后，各地纷纷建立人民公社，行动最快的是河南省。

1958年8月，中共中央政治局在北戴河举行扩大会议，讨论并决定在全国农村建立人民公社，并于8月29日通过《中共中央在农村建立人民公社问题的决议》。文件颁布后，人民公社在全国农村迅速成立。到10月底，全国74万多个农业生产合作社改组成2.6万多个人民公社，参加公社的农户有1.2亿户，占当时全国总农户的99%以上，全国农村基本上实现了人民公社化。人民公社由农业生产合作社联合而成，一般一乡建立一社，实行单一的公社所有制和政社合一。人民公社的基本特点可以概括为"一大二公"。所谓大，就是规模大；所谓公，就是生产资料公有化程度高。人民公社实行政社合一体制，既是一个经济组织，也是一级政权机构；既要负责全社的农林牧副渔业生产，也要管理工农商学兵等方面工作。经多次调整后，1962年起实行生产资料分别归公社、生产大队和生产队三级组织所有，以生产队的集体所有制经济为基础的制度。生产队是人民公社的基本核算单位。社员参加

■庆祝人民公社成立

集体生产劳动，按照个人所得劳动工分取得劳动报酬。社员可种植少量自留地，并经营少量家庭副业，但这项规定在不少地方没有落实。

1978年中共十一届三中全会以后，以实行家庭联产承包责任制为主体的农村改革拉开序幕，人民公社制度下存在的平均主义和社员缺少经营自主权的状况得到根本性改变。1982年宪法规定，农村建立乡政府和群众性自治组织村民委员会，基层政权机构和地区性合作经济组织分开设立。1983年10月12日，中共中央、国务院发出《关于实行政社分开，建立乡政府的通知》，要求各地有领导、有步骤地搞好农村政社分开的改革，至此，以政社合一和集体统一经营为特征的人民公社遂告解体。至1984年年底，全国农村完成了由社到乡的转变，农村人民公社退出了历史舞台。

建立人民公社的初衷是为了解决农村贫困，解决乡村治理问题，改变农村贫穷落后面貌，让农民走上共同富裕的道路。人民公社20多年，在工业积累、水利建设、公共医疗、文化教育、集体企业、民生工程、农业现代化等方面，取得了一定成就，但也走了不少弯路，犯了不少错误，比如"浮夸风""共产风""一刀切"等，特别是平均主义"大锅饭"，严重影响和束缚了农民积极性，导致了生产低效和普遍的贫困。

农业学大寨

20世纪60年代初，自然灾害频发，在战胜严重自然灾害和经济困难的过程中，中国人民经受住严峻考验，涌现大批不畏艰难、勇于奉献的英雄模范和事迹，汇聚成中国人民不怕困难、自力更生、艰苦创业、昂扬奋进的时代精神。当时中国农业战线自力更生、改造自然的旗帜是大寨。

　　大寨位于山西省昔阳县太行山麓，这里土地贫瘠、自然灾害严重。大寨农民在党组织带领下，向"七沟八梁一面坡"的恶劣环境开战，劈山造田。1962年，他们连续遭受严重自然灾害，没向国家要一分钱，凭借自己的双手，苦干、实干、拼命干，取得大丰收，粮食亩产竟达到了774斤，高出同期平均产量530斤，创造了令人惊羡的奇迹。形成了自力更生、艰苦奋斗、自强不息、藐视困难、热爱集体的大寨精神，树起农业战线上的一面红旗。

艰苦奋斗的大寨人

1964年2月，人民日报发表《大寨之路》

■大寨人依靠自己的力量与穷山恶水作斗争，大造梯田，发展农业生产，改变贫困面貌。1964年，《人民日报》发表题为《大寨之路》的长篇通讯，宣传大寨人自力更生、奋发图强的革命精神和以整体利益为重的共产主义风格，号召全国农业学大寨

1964年2月10日，《人民日报》刊登了新华社记者的长篇通讯《大寨之路》，介绍了大寨的先进事迹，并发表社论《用革命精神建设山区的好榜样》，号召全国人民，尤其是农业战线学习大寨人的革命精神。此后，全国农村兴起了"农业学大寨"运动，大寨成为当时中国农业战线的榜样。"农业学大寨"的口号一直流传到20世纪70年代末。可惜的是，"文革"期间，大寨被当成一个"左"的典型宣传推广，对农业农村发展起到了一定的负面影响。

红旗渠

红旗渠位于河南安阳林州市，是20世纪60年代林县（今林州市）人民在极其艰难的条件下，在太行山腰修建的引漳入林工程，被称为"人工天河"。

红旗渠工程于1960年2月动工，3月被正式命名为"红旗渠"。1965年4月，总干渠通水；1966年4月，3条干渠同时竣工放水；1969年7月，支渠配套工程全面完成，历时近10年。该工程共削平了1 250座山头，架设151座渡槽，开凿211个隧洞，修建建筑物12 408座，挖砌土石达2 225万立方米。红旗渠总干渠全长70.6千米，干渠支渠分布在林县各乡镇，总长1 500千米。

红旗渠是林县人民发扬"自力更生，艰苦创业、自强不息、开拓创新、团结协作、无私奉献"精神创造的一大奇迹。红旗渠的建成，结束了林县十年九旱、水贵如油的苦难历史，改善了林县人民靠天等雨的恶劣生存环境，解决了56.7万人和37万头家畜的吃水问题，54万亩耕地得到灌溉，粮食亩产由红旗渠修建前的100千克增加到1991年的476.3千克，被林县人民称为"生命渠""幸福渠"。

■20世纪60年代，为应对自然灾害，林县人民大干10年，在太行山的悬崖峭壁上挖渠千里，形成了独一无二的红旗渠风光，铸成了"红旗渠精神"

林县人民在这项惊天地、泣鬼神的伟大工程的建设过程中，锻造了气壮山河的"红旗渠精神"。红旗渠不仅是一项水利工程，它已成为民族精神的象征。红旗渠是自力更生、艰苦创业的典范，不仅给后人留下了可以浇灌几十万亩田园的水利工程，更重要的是留下了宝贵的红旗渠精神。这不仅是林县的、河南的精神财富，也是我们国家、民族的精神财富。2021年，适逢中国共产党成立100周年，以"自力更生、艰苦创业、团结协作、无私奉献"为内涵的红旗渠精神成为第一批被纳入中国共产党人精神谱系的伟大精神之一。

知识青年上山下乡

知识青年上山下乡主要是指始于20世纪50年代，特别是在"文化大革命"期间，大量城市知识青年离开城市，到农村定居并参加劳动，即"插队落户"，接受贫下中农的再教育，以提高实践的政治运动。

从20世纪50年代开始，我国就出现了城市中小学毕业的青年学生志愿去山区、农村、边疆参加农村社会主义建设的举动。1956年1月，中共中央政治局在《一九五六年到一九六七年全国农业发展纲要(草案)》中写道："城市中、小学毕业的青年，除了能够在城市升学、就业的以外，应当积极响应国家的号召，下乡上山去参加生产，参加社会主义农村建设的伟大事业。"在这里，把城市中小学毕业生称为知识青年，把去农村参加农业生产的行为归纳为"下乡上山"。这是党和政府的文件中，第一次提出知识青年上山下乡的概念，这也成了知识青年上山下乡开始的标志。这之后，知识青年上山下乡作为一项在全国范围内有组织有计划开展的长期工作被确定下来，逐渐成为调节城乡劳动力的重要一环。总的说来，1955—1966年这段时间的知识青年上山下乡工作是党中央结合国情探索出的一条城镇青年就

■知识青年上山下乡

业门路，工作做得比较稳妥，知识青年的思想也是比较安定的，适应了发展国民经济总方针的要求，减少了城镇人口，支援了农业生产和边疆建设。

1968年12月，毛泽东发出了"知识青年到农村去，接受贫下中农的再教育，很有必要"的指示，知识青年上山下乡运动由此大规模展开，涉及千家万户。知识青年上山下乡运动是人类现代历史上罕见的从城市到乡村的人口大迁移。全国城市居民家庭中，几乎没有不和知识青年上山下乡联系在一起的。进入70年代以后，国家开始允许上山下乡的知识青年以招工、考试、病退、顶职、独生子女、工农兵学员等理由逐步返回城市。1978年10月，全国知识青年上山下乡工作会议提出逐步缩小上山下乡的范围，有安置条件的城市不再动员下乡。1979年后，绝大部分知青陆续返回了城市，得到安置，但也有部分人已在农村结婚落户，留在了农村。到1981年11月，国务院知青办并入国家劳动总局，知识青年安置基本结束，上山下乡运动结束。知识青年上山下乡运动前后经历20多年，知青总数2 000万人左右。

知识青年上山下乡带动了大范围的城乡交流，一方面缓解了城镇青年就业压力；另一方面令无数城市青年深入农村，为农村带去先进的思想、知识、技能、文化，对农村的教育、医疗、科技等的发展起到较大的推动作用。

改革开放，家庭承包；放开购销，票证收藏

1978年，中共十一届三中全会召开，中国全面推行改革开放政策，在农村实行家庭联产承包责任制，极大地调动了农民从事农业生产的积极性；1993年，放开了计划经济体制下的统购统销，沿用多年的粮、棉、油票证同时废止，人们可以自由地在市场用货币购买自己需要的生活用品。

知识条目

改革从农村起步

十一届三中全会前，面对严重的农村经济形势，有的地方实行了"放宽政策""休养生息"的方针，率先进行了农村改革试验。1978年12月18—22日召开的十一届三中全会拉开了我国改革开放的大幕，经济体制改革首先在农村实现突破并取得成功。农村改革的突破口，是推行以包产到户、包干到户为主要形式的家庭联产承包责任制。

1978年12月的一个冬夜，安徽省凤阳县梨园公社小岗生产队18个村民聚集在一起，在一纸分田到户的"秘密契约"上按下鲜红的手印，实行农业"大包干"。1979年1月，《人民日报》先后报道四川省广汉县、贵州省开阳县、云南省元谋县、安徽省和广东省实行农业生产责任制的情况，这种做法有效调动了农民的生产积极性，经过报道后全国其他地方纷纷效仿。农民创造的责任制将成果分配与家庭及

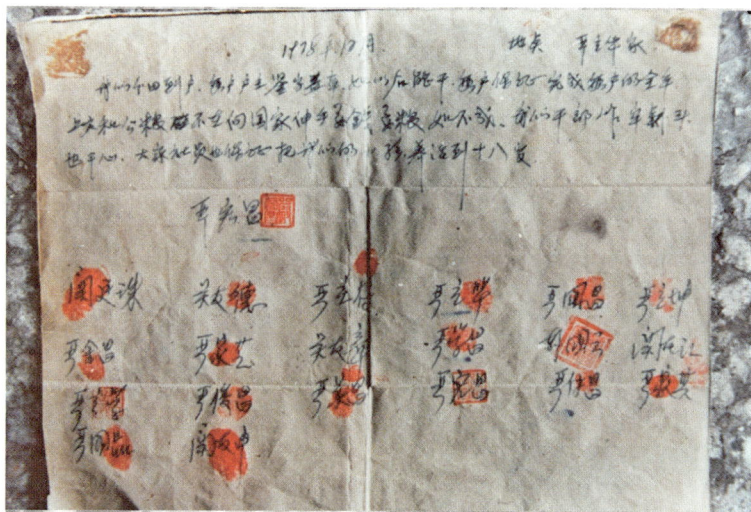

■18户小岗村民按下红手印，签订大包干契约，揭开了农村改革的序幕

其劳动贡献联系起来，"交够国家的，留足集体的，剩下的都是自己的"，责任明确，简单好记，受到农民欢迎。责任制解放了生产力，促进了生产，大幅度增加了农业产量。1979年，四川省粮食产量为640亿斤，比当时的历史最高年份1978年多40亿斤。1980年，最早实行家庭联产承包责任制的安徽凤阳县，粮食总产量比当时的历史最高年份1979年又增长14.2%，很多生产队和农户"一季翻身""一年翻身"。

在实践推动和邓小平、万里、杜润生等人的支持下，中央文件对农民的做法逐步予以肯定。1979年1月11日，中共中央将经过十一届三中全会原则通过的《中共中央关于加快农业发展若干问题的决定（草案）》（简称《决定》）和《农村人民公社工作条例（试行草案）》印发各地讨论和试行，《决定》制定了包括建立生产责任制在内发展农业的25条措施，但仍不允许包产到户。1980年9月，中央下发《关于进一步加强和完善农业生产责任制的几个问题》，正面肯定在生产队领导下实行的包产到户不会脱离社会主义轨道。1981年10月4—21

日，中央召开农村工作会议，充分肯定了以包产到户、包干到户为特征的家庭联产承包责任制。1982年1月1日，中共中央批转《全国农村工作会议纪要》，正式为包产到户、包干到户正名。1982年开始，中央连续5年都以"一号文件"的形式，部署农村改革和发展工作，全国农村改革迅猛发展起来，农村面貌出现可喜变化。

农村改革特别是家庭联产承包责任制的实行，对充分调动亿万农民的积极性、加快农业发展，进而展开整个改革开放，都产生了深远的影响和极大的推动作用。

家庭联产承包责任制

家庭联产承包责任制是农民以家庭为单位，向集体经济组织（主要是村、组）承包土地等生产资料和生产任务的农业生产责任制形式。它是中国现阶段农村的一项基本经营制度，主要做法是：在农业生产中，农户作为一个相对独立的经济实体，以家庭为单位承包经营集体的土地和其他大型生产资料（一般做法是将土地等按人口或人劳比例分给农户经营），按照合同规定，自主进行生产和经营。经营收入除上缴一部分给集体及缴纳国家税款外，全部归农户。集体作为发包方，除进行必要的协调管理和经营某些工副业外，主要是为农户提供生产服务。

家庭联产承包责任制在安徽凤阳县小岗村以"大包干"的形式萌芽，其后在中央的支持下逐渐向全国推广，并在1982年和1983年两份中央一号文件中得到肯定。家庭联产承包责任制本身也经历了渐进的过程，从最初的包产到组到包产到户，再到包干到户，最后确立了土地集体所有、农户家庭经营的基本形态。

■ 1980年9月，中共中央制定和发布《关于进一步加强和完善农业生产责任制的几个问题》会议纪要，推动联产承包责任制迅速发展

取消统购统销

新中国成立后，于1953年开始大规模经济建设，出现农产品供不应求、粮食短缺的尖锐矛盾，粮食价格剧烈波动。经过反复权衡，1953年10月，中共中央作出对粮食实行计划收购（简称"统购"）和计划供应（简称"统销"）的决定，即"统购统销"，接着又对油料和食油实行统购统销，1954年对棉花实行统购统销。

统购统销，就是统一收购、统一销售。统购，就是对农民的绝大部分粮食都按国家制定的价格统一收购，粮食只能卖给国有粮食机构，农民自己食用的粮食以及种子数量和品种也必须由国家批准。统销，就是全社会所需要的粮食全部按国家规定的标准和价格统一配售，城镇居民只能向国有粮食机构

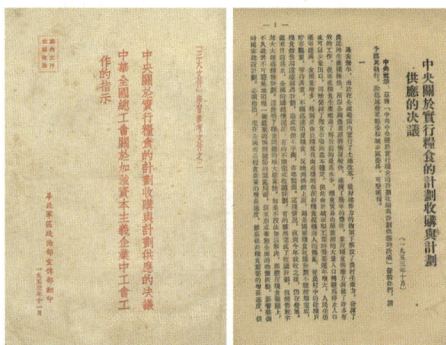

■ 1953年，中共中央作出《关于实行粮食的计划收购与计划供应的决议》

按固定标准购买粮食。

主要农产品的统购统销，加快了农业社会主义改造的步伐，也通过工农产品价格之间"剪刀差"的不等价交换，为工业化积累提供了条件。从统购统销开始至改革开放前期，工农业产品价格

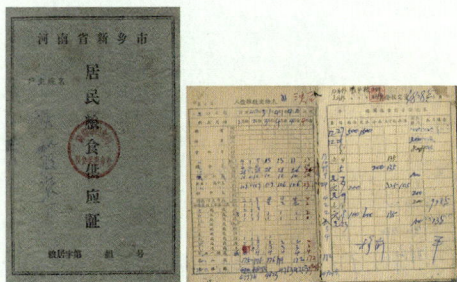

■城市居民粮食供应证

的"剪刀差"高达7000亿元，农民以自己的牺牲支持了国家的发展。

在对粮食实行统购统销以后，还对生猪、鸡蛋、糖料、蚕茧、黄红麻、烤烟、水产品实行派购，品种多达183种。

统购统销制度从1953年开始实行，共施行了40年。这一政策的施行，取消了原有的农业产品自由交换，初期发挥了稳定粮价和保障供应的作用，后来变得僵化，阻碍了农业经济的发展。20世纪80年代开始逐步取消，以1993年在全国范围内取消粮票为标志，统购统销制度正式退出历史舞台。

■对棉花实行统购统销

兴办乡企，打工进城；多予少取，免税补偿

改革开放的春风吹遍祖国大地，全国各地农村掀起兴办乡镇企业的高潮，大家各显其能，开拓发展农村经济渠道；农民大量进城务工，参与城市建设，获得了更多的可支配性收入。随着城乡均衡发展政策的确立，国家决定实行工业反哺农业政策，对农民多给予、少索取，推动乡村社会的发展。2006年废止了《中华人民共和国农业税条例》，取消了沿袭2 000多年的农业税，同时，对农机、良种等农业生产资料实行直接补贴。

知识条目

乡镇企业

乡镇企业是指以农村集体经济组织或农民投资为主，在乡镇（包括所辖村）开办的各类企业，是中国乡镇地区多形式、多层次、多门类、多渠道的合作企业和个体企业的统称。乡镇企业是我国农民的伟大创造。

中国乡镇企业是在农村副业的基础上发展起来的。新中国成立后，中国原有的手工业者和部分兼营手工业的农民相继加入合作社，成为"副业组"或"副业队"成员。1958年，人民公社化运动开始后，在此基础上成立了社队企业。"文化大革命"期间，社队企业几经沉浮。1978年，党的十一届三中全会提出"社队企业要有一个大

发展"。1979年，国务院颁布《关于发展社队企业若干问题的规定（试行草案）》，推动社队企业迅猛发展。1984年3月，中共中央、国务院转发农牧渔业部《关于开创社队企业新局面的报告》，将"社队企业"改称为"乡镇企业"，并提出发展乡镇企业的若干政策。自此，乡镇企业进入快速发展阶段。1987年乡镇企业产值占农村社会总产值比重首次超过农业产值，到20世纪90年代乡镇企业产值占到工业总产值的1/3。乡镇企业的大发展促进了农村劳动力转移就业，较大幅度地提高了农民的收入，加速了工业化、城镇化进程。

我国亿万农民冲破了计划经济体制的束缚，乡镇企业异军突起，成为国民经济的重要组成部分、农村经济和县域经济的重要支撑力量、农民转移就业的主渠道，成为城乡经济市场化改革和以工哺农的先导力量，为我国经济社会发展作出了重要的历史性贡献，为我国解决好农业、农村、农民问题，推进中国特色农村工业化、城镇化、现

■乡镇企业异军突起。1984年3月，中共中央、国务院转发农牧渔业部《关于开创社队企业新局面的报告》，将"社队企业"改称为"乡镇企业"，并提出发展乡镇企业的若干政策。自此，乡镇企业进入快速发展阶段

■ 为扶持和引导乡镇企业持续健康发展，保护乡镇企业的合法权益，1997年1月，《中华人民共和国乡镇企业法》实施

代化，探索出了一条成功之路。

1997年，《中华人民共和国乡镇企业法》颁布实施，为乡镇企业的发展提供了政策上和体制上的支持。从那时起，乡镇企业的产权制度改革全面展开，形式更加多样化，形成股份制、股份合作制、企业集团制等多种企业模式，企业间的兼并、重组、租赁、拍卖等经济活动活跃，出现了一大批大企业和大集团，增强了我国的综合国力和经济竞争力。

党的十九大报告提出"实施乡村振兴战略""支持和鼓励农民就业创业""壮大集体经济"。近年来，乡镇企业虽然在内、外部都发生了许多变化，但乡镇企业本质特征没有变，乡镇企业的本质就是农民（包括返乡下乡新农民）在乡村兴办企业和经济实体，乡镇企业作为农民就地进入二、三产业的载体、工业反哺农业的重要力量、乡村和城镇双轮发展的重要支撑，仍然具备其他企业不具备的乡土性、内生性，仍然承担政府想尽而未尽的公共性、公益性义务，承担着新的重要使命，在服务"三农"中的功能和作用更直接、更突出，在实施乡村振兴战略和实现农业农村现代化中的地位更重要、更明显。

进入21世纪后，我国乡镇企业发展状态良好，除2008年和2009

年受全球金融危机影响外，乡镇企业经济总量增长平稳，从业人数明显增加。

农民工

农民工即进城务工人员，是指为用人单位提供劳动的农村居民。他们户籍仍在农村，主要从事非农产业，有的在农闲季节外出务工、亦工亦农，流动性强，有的长期在城市就业，已成为产业工人的重要组成部分。

农民工是基本脱离农村而又没有真正融入城市、尚处于社会结构中第三元状态的一个庞大社会群体。农民工群体是中国改革开放以后形成的，是中国城乡二元体制下一个特殊的社会群体，是我国社会转型时期出现的特有社会现象。

新中国成立后，根据户籍管理制度，农民是不能随意流动的，农村劳动力被束缚在村庄，虽有富余，也不得进入城市务工。改革开放后，随着农村改革的推进，城乡之间的就业壁垒被逐步打破，农村劳动力开始大批向非农产业转移，向城市转移，开辟了更加广阔的就业空间，进城务工也成为农民增收的主要渠道。1984年1月，中共中央印发《关于1984年农村工作的通知》，标志着农村劳动力进城就业由严格控制向允许流动转变。改革开放40多年，农民工成为我国改革开放和工业化、城镇化进程中涌现的一支新型劳动大军。

一般意义上讲，农民工既包括跨地区的外出进城务工人员，也包括在乡及乡以内二、三产业就业的农村劳动力。根据国家统计局发布的《2020年农民工调查监测报告》，这两部分人2020年统计是2.85亿人，其中本地农民工1.16亿人，外出农民工1.69亿人。

■1992年，随着市场经济的推行，中国出现了前所未有的打工潮，大量农民工流入沿海城市，成为我国城市建设、工业发展的重要力量

　　大量农民进城务工，对我国现代化建设作出了重大贡献。他们在为经济发展、城市发展作出巨大贡献的同时，自身也伴生了很多问题，急需要解决。这些年，国家一直重视农民工群体，在就业、收入保障、社会保障权益、居住生活条件等方面出台了一系列支持政策。农民工问题的解决是一个包含社会、经济、政治、文化等多领域交叉的复杂的系统工程，是我国现代化建设过程中不可回避和逾越的发展阶段。从一个较长的历史时期来看，随着时间的不断推移，随着我国工业化和城镇化水平不断快速提高，农村过剩劳动力不断在城市沉淀，农民工问题将会不断缓解和解决。

取消农业税

　　农业税是国家对所有从事农业生产、有农业收入的单位和个人征收的一种税，俗称"公粮"，它是国家参与农业收入分配的主要形式。

农业税是一个古老的税种，起源很早，我国第一个奴隶制社会夏代的"贡"，就是农业税的雏形。春秋时期，鲁国实行"初税亩"，开始对土地特产征收实物税，成为我国农业税成熟的标志。农业税在汉初形成制度，以后历代统治阶级均对土地产物征税，如田赋、摊丁入亩、地丁银、土地税等。到了解放战争时期，根据地和解放区把农业税称为"土地税""公粮"，新中国成立以后才开始统一称为农业税。

第一届全国人大常委会第九十六次会议于1958年6月3日颁布了《中华人民共和国农业税条例》（简称《条例》），农业税成为国家财力的重要基石。《条例》规定的农业税税率分为两种，一种是全国实行统一的比例税率，即按农业的常年产量平均征收的税率为15.5%；再一种是根据不同地方的经济情况，实行纳税人的适用税率以及地方附加税率，所有这些加在一起，最后税率不得超过常年产量的25%。

1983年开始，开征"农林特产农业税"，1994年改为农业特产农业税；牧区省份则根据授权开征牧业税。农业税制实际包括农业税、农业特产税和牧业税3种形式。

新中国成立后的长时期内，户籍制度、工农产品剪刀差、农业税征收强化了城乡分割的二元体制机制，农业税负以及各种摊派在20世纪90年代中后期达到历史高点，1998年全国农业税费负

■河北灵寿县农民王三妮捐赠的"告别田赋"鼎，现藏于中国农业博物馆

■ 山东省临沂市许多乡镇及时将取消农业税的消息张贴到宣传栏，村民闻之欢欣鼓舞

担达1 360亿元，农民人均税费负担153元，占当年农民人均收入2 162元的7.1%。

农业税在国家财政收入的比重随着我国经济的发展是持续降低的，1950年，农业税占当时财政收入的39%，可以说是财政的重要支柱。1979年，这一比例降至5.5%。进入21世纪，随着改革开放的持续推进，国家经济实力稳步提高，"十五"计划（2000—2005年）之初，开始实施以减轻农民负担为中心、取消"三提五统"等税外收费、改革农业税收为主要内容的农村税费改革。2004年，开始实行减征或免征农业税的惠农政策。2006年1月1日起，《中华人民共和国农业税条例》正式废止，这意味着在我国沿袭2 600多年之久的农业税收的终结。农村税费改革是新中国成立以来继农村土地改革、实行家庭承包经营后的又一重大改革。这项改革依法调整和规范国家、集体和农民的利益关系，将农村的分配制度进一步纳入法治轨道，大幅度减轻了农民的负担，2006年取消农业税后，与改革前的1999年相比，全国农民减负1 045亿元，人均减负120元左右。

作为解决"三农"问题的重要举措，取消农业税让亿万中国农民彻底告别了缴纳农业税的历史，降低了农业成本，提高中国农业的国际竞争力；减轻了农民负担，增加了农民收入，让农民轻装大踏步地走向现代化；有利于缩小城乡差距，符合"工业反哺农业"的趋势；体现了党和政府以人民为中心的治国理念，反映出中国共产党矢志不渝为中国人民谋幸福的初心和本色。

新型农村合作医疗

20世纪80年代，随着农村生产关系和经营方式的改变，原有的农村合作医疗制度逐渐瓦解。面对农民日益上涨的医疗需求，在90年代初期，党和政府提出改革和重建农村合作医疗制度，新型农村合作医疗制度由此得以重生，并经历了试点培养、全面推开到逐步完善的发展过程。

2003年1月，国务院办公厅转发卫生部、财政部和农业部制定的《关于建立新型农村合作医疗制度的意见》，文件提出，从2003年起，在各地开展新型农村合作医疗先行试点，取得经验后再逐步推广。该文件第一次系统地提出了新型农村合作医疗的定义、原则、组织管理方式、筹资模式（采取个人缴费、集体扶持和政府资助）等，拉开了新型农村合作医疗的序幕。

2007年是新型农村合作医疗全面推进的一年。在政策引导下，各级政府不断完善和规划统筹补偿方案，强调以大病为主扩大农民受益面，统筹补偿模式（大病统筹加门诊家庭账户、住院统筹加门诊统筹和大病统筹）和具体补偿方案（包括起付线、封顶线、补偿比例和补偿范围）不断完善，大大缓解了农民"看病难""看病贵"的问题。

　　2008年12月出台的《关于规范新型农村合作医疗二次补偿的指导意见》，明确了我国基本医疗保险包括城镇职工基本医疗保险、城镇居民医疗保险和新型农村合作医疗三部分。

　　新型农村合作医疗制度是以大病统筹兼顾小病理赔为主的农民医疗互助共济制度。自2003年开始试点，在中央制定的原则框架内，各地结合实际，因地制宜，积极探索，不断完善个人缴费、集体补助、政府资助相结合的新型农村合作医疗的管理运行机制，新型农村合作医疗制度不断发展完善，农村地区全面覆盖，参保农民普遍受益，农村卫生医疗服务水平得到提高。

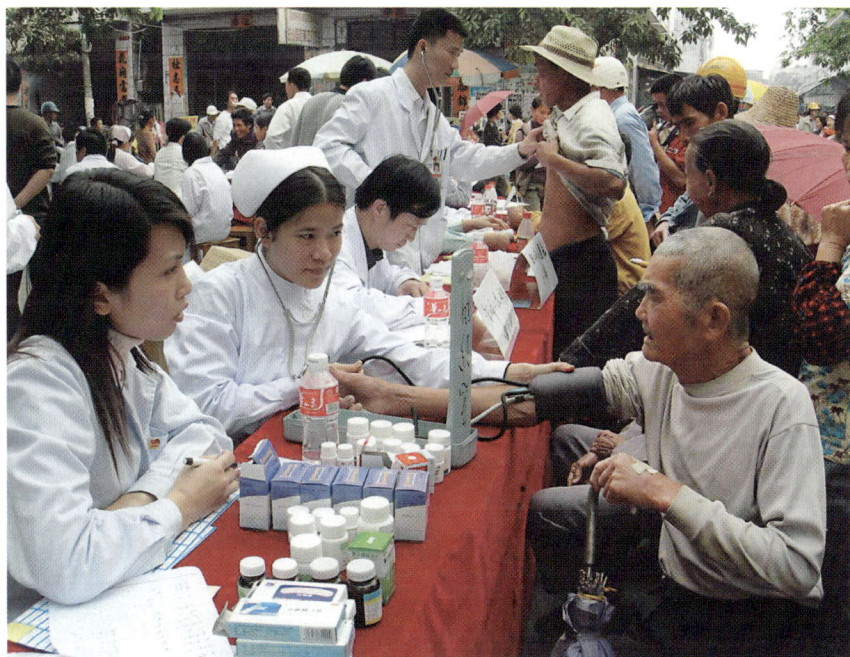

■新型农村合作医疗制度全面展开

"多予、少取、放活"

"多予、少取、放活"，是党中央对新时期"三农"工作提出的重要方针。"多予"是重点、"少取"是前提，"放活"是根本，三者是一个有机统一体。"多予、少取、放活"的方针，最早是在1998年10月十五届三中全会通过的《中共中央关于农业和农村工作若干重大问题的决定》中提出的。该决定指出："坚持多予少取，让农民得到更多的实惠。"此后的中央农村工作会议和多个中央一号文件中，都提到要坚持"多予、少取、放活"方针。

"多予"，就是加大对农业和农村的投入，加快农业和农村基础设施建设，直接增加农民收入，提升加大农村社会保障水平。"少取"，就是减轻农民负担，推进农村税费改革，让农民休养生息。"放活"，就是要深化农村改革，认真落实党在农村的各项政策，放活农村经营，让农民群众的积极性和创造性充分发挥出来。

从时间维度看，"少取"是对昨天的尊重，过去几十年，农业为国民经济发展作出了巨大的贡献和牺牲，历史欠账很多，所以要减轻农民负担，保护农民合法权益；"多予"是对今天的承认，现在

■ 2002年以来，按照"工业反哺农业，城市支持乡村""多予、少取、放活"等方针，围绕保障国家粮食安全、增强农业综合生产能力、增加农民收入的目标，国家出台一系列强农惠农富农政策，其中最具代表性的就是农作物良种补贴、种粮农民直接补贴、农机购置补贴和农资综合补贴4项对农民的直接补贴政策

■农民购买农机具享受购置补贴政策

农业还是"短腿",农村仍是短板,所以必须以工促农、以城带乡,不断加大"三农"投入;"放活"是对明天的期许,未来农村综合配套改革的重点和难点是释放农民的主体性、创造力,不断激发农村生机活力。

"多予、少取、放活"方针的实施,带来了"三农"工作的新变化。

一是推动了"三农"政策措施的创新。按照这一方针,各级政府出台了一系列支持"三农"的政策措施,如推进农业和农村经济结构调整的政策措施;推进农村税费改革的各项政策措施,特别是实行减免农业税、取消除烟叶以外的农业特产税的"两减免"政策;对农民实行补贴的政策措施,特别是对种粮农民提供直接补贴、良种补贴和大型农机具购置补贴的"三补贴"政策;以及实行最严格的耕地保护制度,加大农业投入,严格控制农业生产资料价格,实行粮食最低收购价等。

二是引起了农村体制的重大变革，农村各项改革进一步深化。农村税费改革带来了农村经济、政治体制的深刻变化；粮棉流通体制改革和农村市场体系建设，有力地推动了农业和农村经济的市场化；以农村最低生活保障制度、新型农村合作医疗制度、农村医疗救助制度、农村五保供养制度、自然灾害生活救助制度、农村养老保障制度等为主要内容的农村社会保障体系初步形成；农村土地制度、金融体制、文化卫生体制、社会保障体制等不断完善，促进农村社会体制的变革和创新。

三是有力促进农业和农村经济的持续、健康发展，加快了农村小康建设步伐。实行这一方针，有力地调动和保护了广大农民的积极性，促进农业和农村经济结构不断优化，农民收入持续增加，农村各项事业全面发展。

社会主义新农村建设

"社会主义新农村"这一概念，早在20世纪50年代就提出过，在改革开放后的中央文件中也曾多次出现。20世纪80年代初，提出"小康社会"概念，其中建设社会主义新农村就是小康社会的重要内容之一。

2005年10月，党的十六届五中全会通过的《中共中央关于制定国民经济和社会发展第十一个五年规划的建议》，明确了今后5年我国经济社会发展的奋斗目标和行动纲领，提出了建设社会主义新农村的重大历史任务，对社会主义新农村建设作了部署，内涵更丰富，要求更全面。

2006年初中共中央、国务院下发了《关于推进社会主义新农村建设的若干意见》（即2006年中央一号文件），明确提出了建设社会主义新农村的规划目标，按照"生产发展、生活宽裕、乡风文明、村容整洁、管理民主"的要求，协调推进农村经济建设、政治建设、文化建设、社会建设。

10多年后，习近平总书记在党的十九大报告中提出，"实施乡村振兴战略"，"要坚持农业农村优先发展，按照产业兴旺、生态宜居、乡风文明、治理有效、生活富裕的总要求，建立健全城乡融合发展体制机制和政策体系，加快推进农业农村现代化"。

■社会主义新农村

时代启新，三权分置；延包卅年，民心所向

党的十八大以后，中国农村发展开启了新时代。2016年，中共中央办公厅、国务院办公厅颁布《关于完善农村土地所有权承包权经营权分置办法的意见》，明确实行土地所有权、承包权和经营权分离。党的十九大明确提出，土地承包期二轮承包到期后再延长三十年，顺应了民心，满足了广大农民的意愿，给农民吃了定心丸，有力地保证了农业生产，推动农村经济社会发展。

知识条目

农村土地"三权"分置

"三权"分置是农村土地制度和宅基地制度的一项重大创新。在农村土地方面，是指农村土地所有权、承包权、经营权"三权"分置，重点是放活经营权。在农村宅基地方面，是指将农村宅基地集体所有权、农户资格权、宅基地及农房使用权"三权"分置。

农村土地"三权"分置是继家庭承包经营制度后农村改革的又一重大制度创新，其核心要义是明晰赋予经营权应有的法律地位和权能。《中华人民共和国土地法》第九条规定，农村和城市郊区的土地，除由法律规定属于国家所有的以外，属于农民集体所有；宅基地和自留地、自留山，属于农民集体所有。1978年，党支持农民首创精神，确立了以家庭承包经营为基础、统分结合的双层经营体制，而改革前，农村

集体土地是所有权和经营权合一。实行家庭承包经营后，农民集体拥有土地所有权，农户家庭拥有承包经营权，实现了土地所有权和承包经营权"两权"分离。随着工业化、城镇化深入推进，农村劳动力大量进入城镇就业，相当一部分农户将承包土地流转给他人经营，承包主体与经营主体分离，从而使承包经营权进一步分解为相对独立的承包权和经营权。基于此，迫切需要从理论上回答农民土地承包权和土地经营权分离问题。党和国家坚持以处理好农民和土地关系为主线，全面深化农村土地制度改革。2013年12月，习近平总书记在中央农村工作会议上提出，要对农村土地实施"三权"分置改革，实现农民集体、承包农户、新型农业经营主体对土地权利的分置并行。2015年

归集体的土地所有权

农村土地
"三权"分置

■2016年10月，中共中央办公厅、国务院办公厅颁布《关于完善农村土地所有权承包权经营权分置办法的意见》，这是继家庭承包经营制度后农村改革的又一重大制度创新

小岗村农民领取农村土地承包经营权证

10月召开的党的十八届五中全会提出完善土地所有权、承包权、经营权"三权"分置办法，为稳定农民承包权、放活经营权提供了制度保障。2016年10月，中共中央办公厅、国务院办公厅颁布《关于完善农村土地所有权承包权经营权分置办法的意见》，要求充分发挥农村土地集体所有权、农户承包权和经营权的整体效用和各自功能。搞家庭承包经营制度，实现了土地所有权和承包经营权的分离，"三权"分置再把承包权和经营权分开，这是农村基本经营制度的自我完善，符合生产关系适应生产力发展的客观规律。2018年12月，十三届全国人大常委会第七次会议表决通过了关于修改《中华人民共和国农村土地承包法》的决定，新修订的《农村土地承包法》从2019年1月1日起实施，将所有权、承包权、经营权"三权"分置的重大改革成果以法律形式确定下来，规范和保障土地经营权有序流转、融资担保、入股经营等，明确国家依法保护农村土地承包关系稳定并长久不变，进一步赋予了农民充分而有保障的土地权利，以更有效地保障农村集体经济组织、承包农户以及土地生产经营者的合法权益，同时也更有利于现代农业发展。土地"三权"分置体现了我国土地制度的特点，既有效率又兼顾公平，效率体现的是经济规律，公平体现的是中国特色。

　　农村宅基地所有权、资格权、使用权"三权"分置，是为了落实宅基地集体所有权，保障宅基地农户资格权，适度放活宅基地和农民房屋使用权。现行农村宅基地制度是中华人民共和国成立70多年来逐步发展演变而成的，其主要特征是"集体所有、成员使用、一户一宅、限定面积、无偿分配、长期占有"。这一制度在公平分配住宅用地、推进用地节约集约、保障农民住有所居、促进社会和谐稳定中发挥了基础作用。然而，随着城乡社会结构变化、城乡空间结构演化和经济体制改革深化，现行宅基地制度存在的问题和面临的挑战也日益突出。一些"空心村"的大量出现，一些人进城打工，甚至举家进城，导致宅基地和农房资源闲置。而随着社会经济的发展，乡村产业的发展具有了现实需求，农民也具有通过农村资产获得财产收益的愿望。目前，宅基地"三权"分置试点改革正在进行，主要在保障农民取得宅基地、自愿有偿退出宅基地和完善宅基地管理制度等方面作了积极探索，"三权"分置的具体实现形式可以重点结合发展乡村旅游、返乡人员创新创业等先行先试，探索盘活利用农村闲置农房和宅基地、增加农民财产性收入、促进乡村振兴的经验和办法。当然，城里人到农村买宅基地这个口子不能开，严格实行土地用途管制这个原则不能破，严格禁止下乡利用宅基地建设别墅大院、私人会馆等。

土地承包期延长三十年

我国改革从农村起步，而农村改革是从土地承包开始的。改革开放40多年来，我国有两次重大的土地制度创新：第一次是改革开放之初，实行家庭联产承包责任制，实际上是将农村土地集体所有权和家庭承包经营权"两权"分离；第二次是党的十八大以后实行土地集体所有权、农户承包权、土地经营权"三权"分置。进入新时代后，

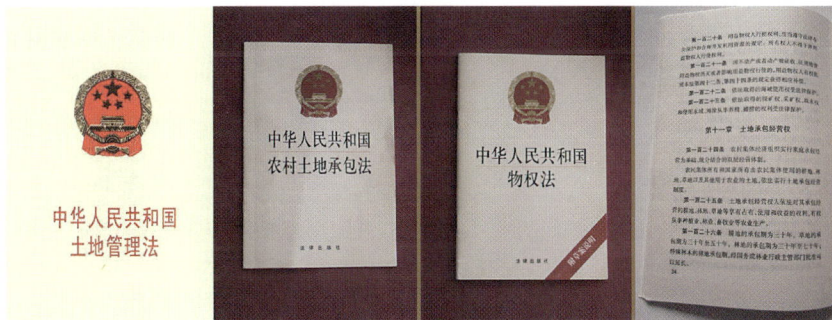

党中央提出保持土地承包关系稳定并长久不变，是对党的农村土地政策的继承和发展。

我国第一轮农村土地承包始于改革开放，1984年中央一号文件首次明确了"土地承包期限一般应在十五年以上"。1993年，针对部分地方一轮土地承包即将到期，中央下发了《中共中央 国务院关于当前农业和农村经济发展的若干政策措施》，要求"在原定的耕地承包期到期后，再延长三十年不变"，提倡在承包期内实行"增人不增地、减人不减地"的办法，以稳定农村土地承包关系，即第二轮农村土地承包从1993年开始，为期三十年。

习近平总书记在党的十九大报告中指出："保持土地承包关系稳定并长久不变，第二轮土地承包到期后再延长三十年。"2019年1月1日，新修订的《中华人民共和国土地承包法》开始实施，从法律上赋予了农民长期而有保障的土地使用权，维护了农村土地承包当事人的合法权益。2019年

■1993年，中央发布《中共中央 国务院关于当前农业和农村经济发展的若干政策措施》，明确第一轮土地承包到期后再延长三十年不变

11月，中共中央、国务院发布了《关于保持土地承包关系稳定并长久不变的意见》，进一步明确了土地承包到期后再延长三十年。据此，农村土地承包关系从第一轮承包开始经过两轮延包将保持稳定长达七十五年。

集体资产，确权赋能；耕地保护，生态涵养

　　农村集体产权制度的改革，赋予了农民更多的财产权能，盘活了农村土地资源和集体资产，增强了农村发展活力；对耕地实行有计划的休耕轮作和对化肥、农药施用量控制，有效地保护了耕地和生态环境，为农业可持续发展提供了保障。

知识条目

农村集体产权制度改革

　　农村集体产权制度改革针对农村集体资产产权归属不清晰、权责不明确、保护不严格等影响农村发展、削弱农村集体所有制基础的问题，将集体的经营性资产确权到户，实现农民对集体资产的占有使用和收益分配的权利，有利于拓宽农民增收的新渠道，让农民共享农村改革的发展成果，是深化当前农村改革的一项重点任务，也是实施乡村振兴战略的重要制度支撑。

　　农村集体产权制度改革的内容主要有两点。一是保障农民集体经济组织成员的权利。这是改革试点的重要基础。重点是探索界定农村集体经济组织成员身份的具体办法，建立健全集体经济组织成员登记备案机制，依法保障集体经济组织成员享有的土地承包经营权、宅基地使用权、集体收益分配权，落实好农民对集体经济活动的民主管理权利。二是积极发展农民股份合作。这是改革试点的重要目的。要按

照"归属清晰、权责明确、保护严格、流转顺畅"的现代产权制度要求，从实际出发，进行农村集体产权股份合作制改革。对于土地等资源性资产，重点是抓紧、抓实土地承包经营权确权登记颁证工作，稳定农村土地承包关系，在充分尊重承包农户意愿的前提下，探索发展土地股份合作等多种形式；对于经营性资产，重点是明晰集体产权归属，将资产折股量化到集体经济组织成员，探索发展农民股份合作；对于非经营性资产，重点是探索集体统一运营管理的有效机制，更好地为集体经济组织成员及社区居民提供公益性服务。鼓励在试点中从实际出发，探索发展股份合作的不同形式和途径。

改革有明确的路线图。一是清产核资。根据中共中央、国务院《关于稳步推进农村集体产权制度改革的意见》要求，从2017年开始，中央农办、农业农村部组织开展了全国农村集体资产清产核资工作。目前工作已基本完成，全国农村集体家底已基本摸清。据统计，截至2019年年底，全国共有集体土地总面积65.5亿亩，账面资产6.5万亿元。二是成员界定。遵循尊重历史、兼顾现实、程序规范、群众认可的原则，统筹考虑户籍关系、农村土地承包关系、对集体积累的贡献等因素，协调、平衡各方利益，做好农村集体经济组织成员

■甘肃省徽县嘉陵镇稻坪村股民分红大会

身份确认工作，解决成员边界不清的问题。三是资产量化。将集体经营性资产，以股份或份额的形式，量化到集体成员，作为参与集体收益分配的依据。四是建立健全农村集体经济组织。要根据成员结构、资产情况的不同，分别成立经济合作社或者股份经济合作社。

18亿亩耕地红线

耕地，是人类赖以生存的基本资源和条件。在我国，耕地是指种植农作物的土地，包括熟地，新开发、复垦、整理地，休闲地（含轮歇地、轮作地）；以种植农作物（含蔬菜）为主，间有零星果树、桑树或其他树木的土地；每年能保证收获一季的已垦滩地和海涂。

中国作为一个有14亿多人口的大国，粮食安全的特殊战略地位在任何时候都不能动摇。耕地是国家粮食安全的根本保障，是农业发展和农业现代化的根基和命脉，没有足够量的耕地，我国粮食自给率就会下降，粮食安全就会受到威胁。我国虽然耕地面积总数较大，但人均占有耕地的面积相对较小，只有世界人均耕地面积的

■江西省修水县高标准农田

1/4。基于我国耕地的特殊重要性和人多地少的基本国情，国家加大力度保护耕地，严格控制将耕地转为非耕地。党中央、国务院先后制定了一系列重大方针、政策，一再强调要加强土地管理，坚持最严格的耕地保护制度和最严格的节约用地制度，像保护大熊猫一样保护耕地。"十分珍惜和合理利用土地，切实保护耕地"是必须长期坚持的一项基本国策。

18亿亩耕地红线是2006年由国家统计局和农业部，经过研究测算提出的到2030年依然能保证粮食安全的耕地总数下限。2006年《国民经济和社会发展第十一个五年规划纲要》正式将18亿亩耕地作为一项约束性指标。2017年，中共中央、国务院发布《关于加强耕地保护和改进占补平衡的意见》，明确提出到2020年，全国耕地保有量不少于18.65亿亩，永久基本农田保护面积不少于15.46亿亩，确保建成8亿亩、力争建成10亿亩高标准农田。2021年中央一号文件《关于全面推进乡村振兴加快农业农村现代化的意见》再次强调："坚决守住18亿亩耕地红线。"18亿亩耕地，已经成为耕地保护一条不可逾越的红线。

草畜平衡制度

草畜平衡制度是我国实施草原保护的重要制度，其核心是坚持以草定畜，要求在一定区域和一定时期内放牧家畜的饲草需求总量，应与草原植物的生长量大体相当。其目的是通过合理控制利用强度，使草原生态系统始终保持自我修复能力，防止因过度利用导致草原退化，保障可持续发展。全面落实草畜平衡制度，是协调草畜矛盾、兼顾生态保护和经济发展的关键措施，是遏制草原退化的治本之策。

草与畜的矛盾，是草原上最大的矛盾。当前，我国部分天然草原存在草原退化问题，而超载过牧是草原退化的主要诱因。因此，要通过合理控制家畜数量和放牧强度，使家畜对草原的影响维持在一定的阈值范围内，同时使草原始终保持旺盛的自然修复能力，保持生态系统的稳定。

2021年3月，国务院办公厅印发的《关于加强草原保护修复的若干意见》指出，到2025年，草原保护修复制度体系基本建立，草畜矛盾明显缓解，草原退化趋势得到根本遏制，草原综合植被盖度稳定在57%左右，草原生态状况持续改善。到2035年，草原保护修复制度体系更加完善，基本实现草畜平衡，退化草原得到有效治理和修复，草原综合植被盖度稳定在60%左右，草原生态功能和生产功能显著提升，在美丽中国建设中的作用彰显。到21世纪中叶，退化草原得到全面治理和修复，草原生态系统实现良性循环，形成人与自然和谐共生的新格局。

■协调草畜矛盾，改善草原生态状况

种子革命，农机跨越；千万工程，美丽山乡

改革开放以来，农业科技取得重大进步，突出表现在种业和农业机械化方面，"十三五"以来，农作物良种覆盖率稳定在96%以上，农业机械实现了跨越式发展，农作物耕种收综合机械化率达71.25%。浙江的"千村示范，万村整治"工程为建设美丽乡村起到了很好的引领和示范作用，并进一步发展为农村全面小康建设的"基础工程"、统筹城乡发展的"龙头工程"、优化农村环境的"生态工程"、造福农民群众的"农心工程"。

知识条目

种子工程

种子工程，是指为推进我国种子产业化，从"九五"开始，由国家组织实施种子专项扶持政策以及通过该政策设立的种子基础设施建设项目。

农业现代化，种子是基础。新中国成立以来，党中央、国务院一直高度重视种子工作。1958年，毛主席在农业"八字宪法"中就提出，要把种子作为发展农业的主要措施之一。1962年，中共中央印发《关于加强种子工作的决定》，明确指出"种子第一，不可侵犯"。邓小平同志在20世纪80年代初强调"农业靠科学种田，要抓种子、抓优良品种"。进入新时代，习近平总书记多次强调要下决心把民族

种业搞上去。在种业发展的历程中，国家种子工程启动实施是重要的标志性事件，也是种子工作由"种子"迈向"种业"的重要起点。

1995年，为实现中央提出的"到本世纪末再增产粮食500亿千克、棉花1000万担"的战略目标，国务院提出实施种子产业化工程。1995年9月，党的十四届五中全会审议通过的《中共中央关于制定国民经济和社会发展"九五"计划和2010年远景目标的建议》提出，要突出抓好种子工程，加快良种培育、引进和推广，把实施种子工程作为保证粮、棉、油等基本农产品稳定增长，推动农业再上新台阶的重要措施。1996年9月，农业部组织研究编制的《种子工程总体规划》经国家计委批复正式实施。该规划以构建适合当时中国社会主义市场经济发展需要的种子产业体系为总体目标，明确了以加工包装为突破口，带动良种选育和良种推广的"抓中间、带两头"的总体建设思路，提出了建设完善种子产业五大体系（新品种引育体系、种子生

■浙江农垦嵊州良种场水稻新品种展示基地（叶敏 摄）

产体系、种子加工包装体系、良种推广营销体系、种子管理体系）等重点建设内容。

种子工程自1996年开始实施，针对我国种子产业的短板，持续推进五大体系建设，先后建成了一批农作物种质资源库（圃、区）、品种改良（分）中心、品种区试站、国家级原种场和种子种苗繁育基地、救灾备荒种子储备库、部省市县四级种子检测中心（分中心），引进购置种子加工成套设备815条，极大地提高了我国农作物种质资源保护、科研育种体系、种子生产加工和管理服务能力水平。农作物种子实现了由散装经营向包装经营转变，将种子质量合格率从不足70%提升并稳定在95%以上，开启了我国种子产业化发展新阶段。

2016年，种子工程更名为现代种业提升工程，增加了畜禽水产种业的建设内容，进一步聚焦种质资源保护、育种创新、测试评价、良种繁育4个关键环节，进一步提升种业发展基础设施条件，持续有力地推动了我国民族种业的快速发展。目前国家级制种基地供给保障了主要农作物用种的70%以上，国家级核心育种场保障了主要畜禽

■2003年以来，国家农作物种质资源保存体系创建并不断完善。2018年，长期保存的各类农作物种质资源已突破50万份，位居世界第二，为保障国家粮食安全和农业可持续发展奠定了坚实的物质基础

用种的75%以上，我国种业发展的基础更加坚实。2021年，国家发展改革委、农业农村部联合印发了《"十四五"现代种业提升建设规划》，将为进一步增强种业自主创新能力、推进种业振兴继续发挥重要基础支撑作用。

杂交水稻与袁隆平

杂交水稻指选用两个在遗传上有一定差异，同时优良性状互补的水稻品种进行杂交，生产的具有杂种优势的第一代杂交种，就是杂交水稻。中国是世界上第一个成功研发和推广杂交水稻的国家。1973年，以袁隆平为首的科技攻关组完成了三系配套并成功培育杂交水稻，实现了杂交水稻的历史性突破，后又成功研究出"两系法"杂交水稻，创建了超级杂交稻技术体系，使中国杂交水稻研究始终居世界

■袁隆平（右）、李必湖在观察杂交水稻生长情况（新华社记者孙忠靖 摄）

领先水平。中国自1974年开始试种籼型杂交水稻，平均亩产增长100斤以上。截至2017年，杂交水稻在中国已累计推广超90亿亩，共增产稻谷6 000多亿千克。

中国杂交水稻的育成，大大丰富了水稻遗传育种的理论和实践，在国际上产生了巨大影响。许多国际著名水稻专家认为，中国的杂交水稻研究和推广居世界领先地位。杂交水稻的育成，为水稻大幅度增产开辟了新的途径，杂交水稻技术的应用被称为"新的绿色革命"，为改善人类的粮食供应、保障粮食安全立下了汗马功劳。

袁隆平是享誉海内外的著名农业科学家，是我国研究与发展杂交水稻的开创者，也是世界上第一个成功利用水稻杂种优势的科学家，被誉为"杂交水稻之父"。他1953年毕业于西南农学院，1995年被评为中国工程院院士，2000年获得国家最高科学技术奖，2013年获得第四届中国消除贫困奖终身成就奖，2018年12月18日，党中央、国务院授予袁隆平改革先锋称号，颁授改革先锋奖章，获评杂交水稻研究的开创者。2019年9月17日，国家主席习近平签署主席令，授予袁隆平"共和国勋章"。 2021年5月22日，袁隆平在湖南长沙逝世，享年91岁。

生物育种

生物育种是利用遗传学、细胞生物学、现代生物工程技术等方法原理培育生物新品种的过程。广义的生物育种方法主要有：杂交育种、诱变育种、倍性育种、细胞工程育种、基因工程育种等。转基因、基因编辑、全基因组选择、合成生物、智能设计等现代生物育种技术发展迅速，与常规育种技术紧密结合，能培育多抗、优质、高产、高效新品种，大大提高品种改良效率，并可降低农药、肥料、人工投入，在缓解资源约束、保障食物安全、保护生态环境、拓展农业功能等方面潜力巨大。现代生物育种技术体现着当代生物科学研究的最新成果及其应用。

转基因是新一代生物育种的重要方面，也是全球发展最成熟、应用最广泛的生物育种技术。具体来说就是利用现代生物技术，将人们期望的目标基因，经过人工分离、重组后，导入并整合到生物体的基因组中，从而改善生物原有的性状或赋予其新的优良性状的育种技术；除了通过转基因技术转入新的外源基因外，还可以采用基因编辑技术对生物体基因的加工、编辑、敲除、屏蔽等方法改变生物体的遗传特性，获得人们希望得到的性状。

现代生物育种是国家战略性、基础性核心产业，对农业长期稳定发展和粮食安全起着关键性保障作用。《国民经济和社会发展第十四个五年规划和2035年远景目标纲要》把科技自立自强作为国家发展的战略支撑，生物育种被列为强化国家战略力量重点发展的八大前沿领域之一。2020年中央经济工作会议和2021年中央一号文件明确要求，尊重科学、严格监管，有序推进生物育种产业化应用。在乡村全面振兴和农业现代化进程中，生物育种技术和产业的发展在推动农业供给侧结构性改革，推进农业绿色发展，降低生产成本，提高农业效益和农产品综合竞争力，满足人民群众多元化消费需求，守住国家粮食安全底线等方面具有重要意义。

农业机械化

农业机械化是指运用先进、适用的农业机械装备农业，改善农业生产经营条件，不断提高农业的生产技术水平和经济效益、生态效益的过程，农业机械化是农业现代化的重要组成部分。

新中国成立前，农业机械工业可以说是一张白纸。新中国成立以后，党和政府把实现农业机械化作为建设社会主义现代化的重要战略目标，逐步建立了比较完善的农机工业体系，农业机械化水平不断提升，农业机械产品多样化，向市场化、社会化服务迈进，走出了一条具有中国特色的农业机械化道路。新中国成立70多年，我国制造业能力与水平迅速提高，农业机械的保有量大大增加；采用农业机械化作业的领域不仅限于粮食生产，还在向各种经济作物延伸；农业生产得益于机械化的普及，衍生出农产品加工业、副业、养殖水产业等；耕作模式也从简单粗放的大田农业向运作效率高、管理方便的设施农业转变，不但关注生产过程，更重视对"产前＋产后"的链条产业的发展，形成全程农业机械化的发展理念。

2004年，《中华人民共和国农业机械化促进法》公布实施以来，我国农业机械化快速发展，农机装备总量快速增长，农机装备结构持续优化，农机作业水平跨越发展，农业机械化队伍不断壮大。2019

■2004年，《中华人民共和国农业机械化促进法》颁布实施，国家开始对农民购买农机具给予补贴，农业生产进入以机械化为主导的新阶段

年，全国农机总动力超过10亿千瓦，农机装备总量达到2亿台套，农作物耕种收综合机械化率跨上70%台阶，三大主粮生产基本实现机械化。我国农业生产已从主要依靠人力、畜力向主要依靠机械动力转变，进入了以机械化为主导的新阶段。

"千万工程"

早在2003年，时任浙江省委书记习近平同志亲自调研、亲自部署、亲自推动，启动实施"千村示范、万村整治"工程，简称"千万工程"。

"千万工程"以农村生产、生活、生态的"三生"环境改善为重点，浙江在全省范围内启动"千万工程"，开启了以改善农村生态环境、提高农民生活质量为核心的村庄整治建设大行动。目标是在5年内，从全省4万个村庄中选出1万个左右行政村进行全面整治，把其中1000个左右中心村建成全面小康示范村。

十几年来，浙江省委和省政府践行"绿水青山就是金山银山"的

■2018年9月，浙江省"千村示范、万村整治"工程获联合国"地球卫士奖"。2003年6月，"千万工程"在浙江全省范围内启动，开启了以改善农村生态环境、提高农民生活质量为核心的村庄整治建设大行动，这是"绿水青山就是金山银山"理念在基层农村的成功实践

重要理念，一以贯之地推动实施"千万工程"，令村容村貌发生巨大变化，村庄净化、绿化、亮化、美化，造就了万千生态宜居的美丽乡村，为全国农村人居环境整治树立了标杆。"千万工程"被当地农民群众誉为"继实行家庭承包经营制度后，党和政府为农民办的最受欢迎、最为受益的一件实事"。2018年9月，浙江"千万工程"获联合国"地球卫士奖"。习近平总书记多次作出重要批示，要求结合实施农村人居环境整治三年行动计划和乡村振兴战略，进一步推广浙江好的经验做法，建设好生态宜居的美丽乡村。

为深入贯彻落实习近平总书记重要指示批示精神，2019年3月，中共中央办公厅、国务院办公厅转发了《中央农办 农业农村部 国家发展改革委关于深入学习浙江"千村示范、万村整治"工程经验，扎实推进农村人居环境整治工作的报告》，并发出通知，要求各地区各部门结合实际认真贯彻落实，全国农村人居环境整治行动由此全面展开。

■浙江省"千万工程"展示馆落户东阳市花园村

质量兴农，三产融合；转型升级，再创辉煌

提高农产品质量是振兴农业的重要举措。农业生产、农产品加工和销售、餐饮、休闲旅游及其他服务业的融合发展，更好地实现了农业的增值、增效。按照高质量发展的要求，推动农业尽快由总量扩张向质量提升转变，唱响质量兴农、绿色兴农、品牌强农主旋律，加快推进农业转型升级，努力谱写农业农村改革发展新的华彩乐章！

知识条目

三产融合

三产融合，即"农村一二三产业融合发展"的简称，一般以农业为基本依托，通过产业联动、产业集聚、技术渗透、体制创新等方式，将资本、技术以及资源要素进行跨界集约化配置，使农业生产、农产品加工和销售、餐饮、休闲旅游以及其他服务业有机地整合在一起，使得农村一二三产业之间紧密相连、协同发展，最终实现延长产业链、提升价值链、打造供应链的效果。推进农村一二三产业融合发展，是以习近平同志为核心的党中央针对新时期"三农"形势作出的重要决策部署，是推动农业增效、农村繁荣、农民增收的重要途径，是实施乡村振兴战略、加快推进农业农村现代化、促进城乡融合发展的重要举措。

我国农村的三产融合发展先后历经了农工商联合经营、农业产业

■三产融合是促进农民增收的主要途径

化经营和农村一二三产业融合发展等3个阶段。在各地实践探索不断丰富的基础上，2014年年底，中央农村工作会议提出，要大力发展农业产业化，促进一二三产业融合互动。2015年中央一号文件首次提出，通过"推进农村一二三产业融合发展"的途径来促进农民增收。2015年12月，国务院办公厅印发《关于推进农村一二三产业融合发展的指导意见》明确提出，到2020年，农村产业融合发展总体水平明显提升，产业链条完整、功能多样、业态丰富、利益联结紧密、产城融合更加协调的新格局基本形成，农业竞争力明显提高，农民收入持续增加，农村活力显著增强。经过5年多的努力，这一目标已经基本实现，农村一二三产业融合向更高水平继续发展。

从实际效果看，在推进农村一二三产业融合发展的过程中，要注意做好"五个坚持"。一是坚持和完善农村基本经营制度，严守耕地保护红线，提高农业综合生产能力，确保国家粮食安全。二是坚持因地制宜，分类指导，探索不同地区、不同产业融合模式。坚持尊重农民意愿，强化利益联结，保障农民获得合理的产业链增值收益。三是坚持市场导向，充分发挥市场配置资源的决定性作用，更好发挥政府作用，营造良好市场环境，加快培育市场主体。四是坚持改革创新，打破要素瓶颈制约和体制机制障碍，激发融合发展活力。五是坚持农业现代化与新型城镇化相衔接，与新农村建设协调推进，引导农村产业集聚发展。

农业高质量发展

习近平总书记在党的十九大报告中首提高质量发展并指出，"我国经济已由高速增长阶段转向高质量发展阶段"，"必须坚持质量第一、效益优先，以供给侧结构性改革为主线，推动经济发展质量变革、效率变革、动力变革，提高全要素生产率"。这一重要论断，明确了我国经济发展的阶段特征、方向路径和主要任务。中国特色社会主义进入了新时代，推动高质量发展，既是保持经济持续健康发展的必然要求，也是适应我国社会主要矛盾变化和全面建成小康社会、全面建设社会主义现代化国家的必然要求，更是遵循经济规律发展的必然要求。

我国经济已由高速增长阶段转为高质量发展阶段，农业农村经济发展也到了这个阶段。习近平总书记在2017年年底的中央农村工作会议上对实施乡村振兴战略，推进农业高质量发展，发出了号召、提出了要求。"三农"系统以实施乡村振兴战略为总抓手，以推进农业供给侧结构性改革为主线，坚持质量兴农、绿色兴农、效益优先，加快转变农业生产方式，加快农业转型升级，加快推进农业农村现代化，并将2018年确定为"农业质量年"，部署了推进质量兴农的一系列重大行动。

坚持农业高质量发展，转变发展方式是加快推进农业现代化的根本途径，要坚持质量兴农、绿色兴农和品牌强农，积极构建现代农业产业体系、生产体系、经营体系，提升农业优质化、绿色化、品牌化发展水平，推动农业发展由以数量增长为主转到数量、质量、效益并重上来，由主要依靠物质要素投入转到依靠科技创新和提高劳动者素质上来，由依赖资源消耗的粗放经营转到可持续发展上来，走产出高效、产品安全、资源节约、环境友好的现代农业发展道路。2018年2月，农业部部长韩长赋在"农业质量年"启动会上将农业高质量发展归纳为六个"高"，即产品质量高、产业效益高、生产效率高、经营者素质高、国际竞争力高、农民收入高。

■高粱熟了，黑龙江垦区九三分公司嫩江农场组织先进的大机械联合作业，场面十分壮观（周宪义 摄）

十五连丰，端牢饭碗；手中有粮，心中不慌

2004—2018年，中国农业连续15年喜获丰收，证明中国人在粮食自我供应方面有了充分的保障，将饭碗牢牢地端在了自己手里。国家有了足够的粮食库存，老百姓就能踏踏实实地过上平安祥和的日子，不必担心粮食供应问题。

知识条目

十五连丰

2004—2018年，中国粮食生产连年丰收，从2004年的9 389亿斤增长到2018年的13 158亿斤，连续15年粮食产量不断创新高，整体

■从2005年开始，中央财政对产粮大县实施奖励政策，完善粮食风险基金制度，不断加大对粮食主产区的转移支付力度，激发了产粮大县重农抓粮的积极性

维持在较高水准，是我国粮食生产综合实力不断强大的体现。多年来，我国粮食市场供应保持充裕，不脱销、不断档，既满足了广大人民群众的日常消费需求，也有效保障了应对自然灾害、突发事件的军需民食。

2021年，我国粮食继续丰收，全国粮食总产量为13 657亿斤，连续7年保持在1.3万亿斤以上。这来之不易的成绩再次证明，经过多年努力，我国粮食供给保障能力已大幅提升。从人均占有量看，2021年我国人均粮食占有量稳定在480千克，远高于国际粮食安全线，中国人的饭碗牢牢端在自己手中。

粮食安全

粮食，是人类生存的基础。20世纪70年代初，连续的恶劣天气和自然灾害引起世界性粮食歉收，全球粮食供需矛盾异常突出，引发二战后最严重的粮食危机。世界粮食库存大幅下降，国际粮价上涨了2倍多，广大发展中国家受到较大影响，撒哈拉以南非洲国家因无钱购买粮食或缺少国际援助甚至出现人口非正常死亡率急剧上升的现象。

在此背景下，FAO（联合国粮食及农业组织）于1974年11月在罗马召开世界粮食大会，大会通过了《消灭饥饿和营养不良的世界宣言》和《世界粮食安全国际约定》，首次提出"粮食安全"的概念，对粮食安全的表述是"保证任何人在任何时候都能够得到为了生存和健康所需要的足够食物"。FAO于1983年和1996年又两次对粮食安全概念进行充实和完善：1983年的表述是"确保所有人在任何时候都能够买得到和买得起他们所需要的基本食物"；1996年11月13—17

日，FAO在罗马组织召开世界粮食首脑会议，会议通过了《世界粮食安全罗马宣言》和《世界粮食首脑会议行动计划》，提出的粮食安全概念为"在任何时候，所有人都能买得到和买得起足够的、安全和营养的食物，以满足人们日常膳食需要和食物偏好，保证人们积极和健康的生活"。FAO倡导的粮食安全概念不断完善，粮食安全的内容不断丰富，从偏重粮食数量安全到数量和质量安全并重，反映出随着经济社会发展，人们对粮食安全问题的认识更加深入和全面。

中国的粮食安全概念与国际上通用的FAO定义的粮食安全概念不是简单地画等号，而是随着实践探索的深入而不断丰富，包括三个方面：一是粮食数量安全；二是粮食质量安全；三是粮食产业安全。

■金灿灿的玉米——黑龙江北大荒农业股份有限公司勤得利分公司积极实施"藏粮于地、藏粮于技"战略，粮食连年获得丰产丰收，为"中国粮食、中国饭碗"贡献农垦力量（刘江 摄）

中国的粮食安全战略

　　中国是世界人口第一大国，拥有世界1/4的人口，"手中有粮、心中不慌"，稳定发展粮食生产，确保国家粮食安全，始终是中国经济社会发展的头等大事。新中国成立以来，通过不懈奋斗和持续努力，中国人民的吃饭问题得到很好解决，从1949年人均粮食占有量的209.5千克上升到2021年的480千克，高于国际公认的400千克的安全线。

　　1996年，国务院新闻办发布《中国的粮食问题》白皮书，指出，中国用占了世界7%的耕地养活占世界22%的人口，明确表示中国能够依靠自己的力量实现粮食基本自给，并首次提出我国粮食自给率不低于95%的目标和"立足国内资源、实现粮食基本自给"的方针。

　　党的十八大以来，以习近平同志为核心的党中央把粮食安全作为治国理政的头等大事。2013年12月10日，习近平总书记在中央经济工作会议上明确提出"要依靠自己保口粮，集中国内资源保重点，做

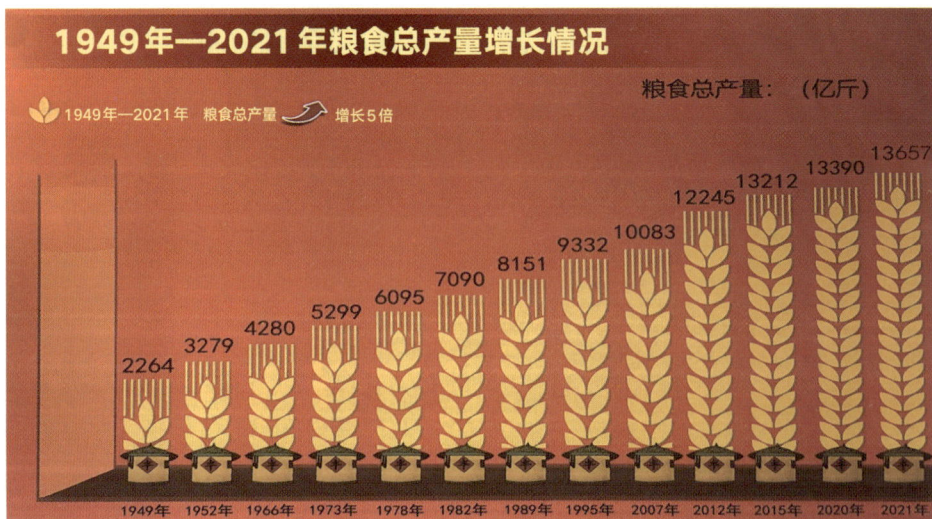

1949年—2021年粮食总产量增长情况

1949年—2021年　粮食总产量　增长5倍

粮食总产量：（亿斤）

年份	粮食总产量
1949年	2264
1952年	3279
1966年	4280
1973年	5299
1978年	6095
1982年	7090
1989年	8151
1995年	9332
2007年	10083
2012年	12245
2015年	13212
2020年	13390
2021年	13657

■1949—2021年粮食总产量增长情况

到谷物基本自给、口粮绝对安全"。随后的12月23日，习近平总书记在中央农村工作会议上首次对新时期粮食安全战略进行了系统阐述，明确提出"以我为主、立足国内、确保产能、适度进口、科技支撑"的国家粮食安全战略，粮食安全首次被提至"国家战略"的高度。2014年中央一号文件（《中共中央 国务院关于全面深化改革加快农业现代化的若干意见》）确立了国家粮食安全战略，提出了"谷物基本自给，口粮绝对安全"的新粮食安全观。

2019年，国务院新闻办发布《中国的粮食安全》白皮书，全面总结反映了我国粮食安全取得的历史性成就，重点阐述了1996年特别是党的十八大以来我国在保障粮食安全方面实施的一系列方针政策和举措办法，介绍了中国粮食对外开放和国际合作的原则立场，并提出了未来中国粮食问题的政策主张。

粮食安全是国家安全的重要基础。中国立足本国国情、粮情，全面贯彻新发展理念，全面实施国家粮食安全战略和乡村振兴战略，全面落实"藏粮于地、藏粮于技"战略，推动我国从粮食生产大国向粮食产业强国迈进，把饭碗牢牢端在中国人自己手上，走出了一条中国特色粮食安全之路。

■把饭碗牢牢端在中国人自己手上

十五连增，鼓起钱袋；和谐乡村，民富国强

中国粮食生产连年丰收，农民的收入也连续15年逐年增加，并且增幅高于GDP，高于城镇居民收入；随着支持投入力度不断加大，乡村公共服务基础设施不断完善，城乡社区更加和谐，人民生活一天比一天富裕，国家实力一天比一天强大。

知识条目

十五连增

"十五连增"是指2004—2018年我国农村居民人均可支配收入实现15年连续增长，从2004年的3 026.6元，增长至2018年的14 617元。

增加农民收入、缩小城乡差距、促进共同富裕是加快农业和农村发展的必然要求，是保持国民经济持续、快速、协调、健康发展的必然要求，是实现农业农村现代化的必然要求，是维护农村社会稳定和国家长治久安的必然要求，也是实现城乡一体化、彻底解决"三农"问题的必要措施。

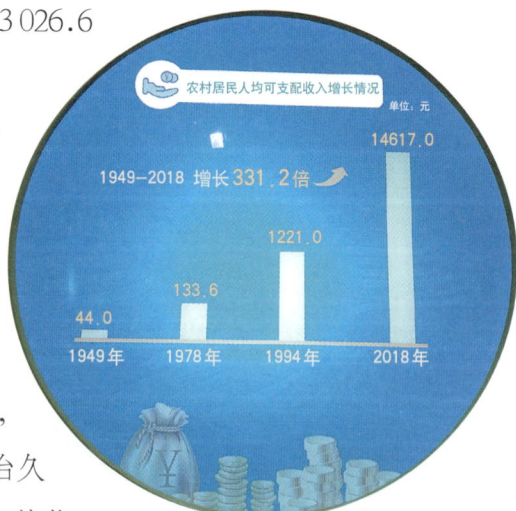

农村居民人均可支配收入增长情况
单位：元
1949—2018 增长331.2倍
44.0 1949年
133.6 1978年
1221.0 1994年
14617.0 2018年

■新中国成立以来，农村居民人均可支配收入增长情况

近年来，我国农村居民人均可支配收入较快增长，2020年已达到17 131.5元，高于城镇居民收入增长幅度。

农业强、农村美、农民富

在多个重要场合，习近平总书记反复强调，中国要强，农业必须强；中国要美，农村必须美；中国要富，农民必须富。这"三个必须"通过论述"三农"强、美、富与国家强、美、富之间的关系，指出"三农"问题是关系中国特色社会主义事业发展的根本性问题，是关系我们党巩固执政基础的全局性问题，这是对"三农"工作基础性地位的总把握。农业基础稳固，农村和谐稳定，农民安居乐业，整个大局就有保障，各项工作都会比较主动。

■中国要美，农村必须美，图为浙江省开化县龙门村（刘树桢 摄）

实现中国梦，基础在"三农"。习近平总书记指出，没有农业现代化，没有农村繁荣富强，没有农民安居乐业，国家现代化是不完整、不全面、不牢固的。中华民族的伟大复兴不能建立在农业基础薄弱、大而不强的地基上，不能建立在农村凋敝、城乡发展不平衡的洼地里，不能建立在农民贫困、城乡居民收入差距扩大的鸿沟间。现在经济社会发展各种矛盾错综复杂，稳住农村、安定农民、巩固农业，我们就下好了先手棋，就做活了经济社会发展大棋局的"眼"。这些深刻道理告诉我们，坚持狠抓"三农"，才能把握发展的主动权。

农业强，出路在农业现代化，关键是农业科技现代化。我们必须重视和依靠农业科技进步，走内涵式发展道路。农村美，要留得住青山绿水，记得住乡愁。建设乡村要遵循其自身发展规律，保留乡村风貌，留住田园乡愁。农村人居环境的综合整治，也要因地制宜，创造干净整洁的生活环境。农民富，要让广大农民都尽快富裕起来。要充分尊重广大农民意愿，调动广大农民积极性、主动性、创造性，把广大农民对美好生活的向往化为推动乡村振兴的动力，把维护广大农民根本利益、促进广大农民共同富裕作为出发点和落脚点。

三农向好，全局主动；党的领导，根本保障

在以习近平同志为核心的党中央坚强领导下，我国经济发展势头稳定，农业越来越强，农村越来越美，农民也越来越富。"三农"工作取得的良好成效，为全局性工作顺利开展奠定了良好的基础。这些工作之所以能顺利推进，中国共产党的正确领导起到了根本性的保障作用。

知识条目

"三农"问题

"三农"，指农业、农村和农民。"三农"问题是农业文明向工业文明过渡的必然产物。它不是中国所特有，无论是发达国家还是发展中国家都有过类似的经历。"三农"问题独立地描述是指在广大乡村区域，以种植业（养殖业）为主，身份为农民的生存状态的改善、产业发展以及社会进步问题；系统地描述是指21世纪的中国，在历史形成的二元社会中，城市不断现代化，二、三产业不断发展，城市居民不断殷实，而农业的发展、农村的进步、农民的全面小康相对滞后的问题。

"三农"问题在我国作为一个概念提出来是在20世纪90年代中期，此后逐渐被媒体和官方引用。实际上"三农"问题自新中国成立以来就一直存在，只不过当前我国的"三农"问题显得尤为突

出。"三农"问题的核心是农民问题，表现为农民收入低、增收难、城乡居民贫富差距大，实质表现为农民的权利得不到相应的保障。解决"三农"问题的实质是要解决农民增收、农业增长、农村稳定。实际上，这是一个居住地域、从事行业和主体身份三位一体的问题，但三者侧重点不一，必须一体化地考虑以上三个问题。中国作为一个农业大国，"三农"问题关系到国民素质、经济发展，关系到社会稳定、国家富强、民族复兴。

21世纪以来，党中央更加关注"三农"问题，连续出台了18个中央一号文件聚焦"三农"，并逐步在提法上对"三农"问题有了全新的表述，将其定位为"全党工作的重中之重"，而此之前的提法是"把农业放在国民经济发展的首位""加强农业基础地位"。在2008年党的十七届三中全会通过的《中共中央关于推进农村改革发展若干重大问题的决定》中，对"三农"问题用"三个最需要"进行了总结，即农业基础仍然薄弱，最需要加强；农村发展仍然滞后，最需要扶持；农民增收仍然困难，最需要加快，提出了农村改革发展的指导思想、基本目标任务和遵循原则，并指出"三农"问题是中国改革的焦点问题。尤其是党的十八大以来，习近平总书记在不同的场合强调，中国要强，农业必须强；中国要美，农村必须美；中国要富，农民必须富。习近平总书记还在十九大报告中提出实施乡村振兴战略。走中国特色社会主义乡村振兴道路，一揽子解决中国的"三农"问题，让农业成为有奔头的产业，让农民成为有吸引力的职业，让农村成为安居乐业的美丽家园。

一号文件

　　一号文件即中央一号文件，原指中共中央每年发布的第一份文件，现在已成为中共中央、国务院重视"三农"问题的专有名词。1982—1986年，中共中央连续5年发布以农业、农村和农民为主题的中央一号文件，对农村改革和农业发展作出具体部署，后来这5份"一号文件"在中国农村改革史上成为专有名词——"五个一号文件"。时隔18年，2004—2021年，中共中央又连续18年发布以"三农"为主题的中央一号文件，强调了"三农"问题在党和国家事业"重中之重"的地位。

年份	文件名	主题
1982	《全国农村工作会议纪要》	包产到户、包干到户、大包干
1983	《当前农村经济政策的若干问题》	家庭联产承包责任制
1984	《关于一九八四年农村工作的通知》	土地承包期为15年
1985	《关于进一步活跃农村经济的十项政策》	取消农副产品统购统销
1986	《关于一九八六年农村工作的部署》	肯定农村改革方针政策
2004	《关于促进农民增加收入若干政策的意见》	促进农民增收
2005	《关于进一步加强农村工作提高农业综合生产能力若干政策的意见》	提高农业综合生产力
2006	《关于推进社会主义新农村建设的若干意见》	建设社会主义新农村
2007	《关于积极发展现代农业扎实推进社会主义新农村建设的若干意见》	发展现代农业
2008	《关于切实加强农业基础建设进一步促进农业发展农民增收的若干意见》	农业基础建设

（续）

年份	文件名	主题
2009	《关于2009年促进农业稳定发展农民持续增收的若干意见》	农业稳定发展
2010	《关于加大统筹城乡发展力度进一步夯实农业农村发展基础的若干意见》	统筹城乡发展
2011	《关于加快水利改革发展的决定》	水利改革
2012	《关于加快推进农业科技创新持续增强农产品供给保障能力的若干意见》	农业科技创新
2013	《关于加快发展现代农业 进一步增强农村发展活力的若干意见》	发展现代农业
2014	《关于全面深化农村改革加快推进农业现代化的若干意见》	深化农村改革
2015	《关于加大改革创新力度加快农业现代化建设的若干意见》	加大改革创新力度
2016	《关于落实发展新理念加快农业现代化实现全面小康目标的若干意见》	农业现代化
2017	《关于深入推进农业供给侧结构性改革加快培育农业农村发展新动能的若干意见》	农业供给侧结构性改革
2018	《关于实施乡村振兴战略的意见》	乡村振兴
2019	《关于坚持农业农村优先发展做好"三农"工作的若干意见》	农业农村优先发展
2020	《关于抓好"三农"领域重点工作确保如期实现全面小康的意见》	"三农"领域实现全面小康
2021	《关于全面推进乡村振兴加快农业农村现代化的意见》	全面推进乡村振兴

泱泱国土，育我中华；岁稔年丰，兴我家邦

辽阔的神州大地欣欣向荣，哺育着勤劳勇敢的中华民族，人们安居乐业；农业年年丰收，粮食岁岁丰产，使我们的家庭更加幸福快乐，国家更加富强兴旺。

稔（rěn） 指庄稼成熟，收成好。

知识条目

干活吃饭

农民经常这样说：快点吃饭、吃完饭干活。以前，东北人早饭是正餐，午饭也吃正餐，晚间喝粥，因为晚上不干活。仔细琢磨，农民的口头语蕴含着平凡而深刻的哲理。

习近平总书记指出，解决好十几亿人口的吃饭问题始终是我们党治国理政的头等大事。食为政首，吃饭第一，古今中外，概莫能外。人人要吃饭，无论是中国人或外国人、东方人或西方人，所以联合国首先成立了粮农组织，而粮农组织的宗旨就是推动全球粮食安全和减贫事业。人天天要吃饭，干活的人得吃饭，不干活的人也得吃饭。"人是铁，饭是钢，一天不吃饿得慌"。打仗紧要，但兵马未动粮草要先行；防疫紧张，但即便"封城"食品店还要运营。人人要吃饭，天天要吃饭，所以庄稼要年年种，粮食安全这根弦什么时候都不能放

松。光吃饭不干活，坐吃山空不可持续，所以人要找事做，不能好吃懒做。也就是我们说的，每个人都需要劳动就业。劳动创造价值，也构建尊严。人坐在家里有低保有饭吃，但是不干活不就业，活得就没有尊严。这不是说干活才有资格吃饭，而是讲劳动是人的权利，劳动才有尊严。马克思说，社会发展到一定阶段，劳动就是人的第一需要。

　　让人人能有活干也不是简单的事情。中国每年有800多万大学毕业生、几十万复转军人，城市有上千万新生劳动力、农村有近3亿农民工，为这么多劳动力找到岗位，无疑是人类劳动史上最宏大最复杂的系统工程。当然干活不光是出体力，有力气活、有脑力活，也有手脑并用的活，现在还有操控智能机器人干活。但不管怎样，必须要劳动，锅里才能有饭，这个世界才能延续，所以我们崇尚劳动，劳动光荣。

■农家小院丰收忙

以上说的吃饭干活，都是看得见摸得着的东西，都是人人离不开的东西，所谓民以食为天，就业是民生之本。中央把农业和就业放在最基础的位置上，针对新冠肺炎疫情冲击，提出"六保"任务，排在前面的就是保就业、保吃饭。吃饭干活是人生存之道，也是社会稳定之基。如果一个人三天不吃饭，会度日如年；一个大学毕业生找不到工作，全家人都会愁眉苦脸；一个城市如果有上万人整天在街上闲逛，真不敢想象。因此，中央提出"三个优先"：就业优先、教育优先、农业农村优先。

习近平总书记号召节约粮食，有人误解是不是粮食不够吃了？实际上这是习近平总书记的一贯思想。他曾讲过，保障国家粮食安全是一个永恒的课题。所以，于国，要始终重视农业和粮食生产，把"三农"放在重中之重位置；于民，要尊重农民，爱惜粮食，在全社会形成关心农业、关注农村、关爱农民的浓厚氛围。一粥一饭当思来之不易，不能粮食紧张就珍惜，吃饱肚子就浪费。

同时还得明白一个道理，吃饭主要是城里人的问题，农民家有"一亩三分地"，只要你不捆住他的手脚，他自己吃饭不会有问题。所以要以城带乡、以工补农，要保护好农民种粮积极性，防止谷贱伤农不种粮。所以，要发展经济，支持实体经济，鼓励企业家投资，特别是支持中小微企业发展，创造更多就业岗位。总而言之，吃饭是刚需，劳动是必须，发展是硬道理。一个农业，一个就业，老百姓有饭吃，有活干，天下安定。

丰收之日·韵

丰收，承载了农民千年的祈望。风调雨顺、五谷丰登、硕果累累、穰穰满家……这些词语无不寄托了人们对丰收的期盼。

　　2018年6月21日，党中央批准，国务院批复，同意自2018年起，将每年秋分日设立为中国农民丰收节，以此致敬农民、礼赞丰收！这是第一个在国家层面专门为农民设立的节日。作为一个鲜明的文化符号，中国农民丰收节被赋予新的时代内涵，有助于宣传、展示农耕文化的悠久、厚重，传承、弘扬中华优秀传统文化，增强文化自信和民族自豪感，是党和国家重视"三农"的具体体现。

　　秋分是一年中最为宝贵的丰收时节。我国南、北方的田间耕作各有不同，秋分既是中国北方播种冬小麦的时间，也是江南地区水稻灌浆和产量形成的关键期。"春种一粒粟，秋收万颗子。"秋分前后，各地五谷丰登、瓜果飘香，农家开镰，一年辛劳所获颇丰，金灿灿的收成上写满了耕作之辛、丰收之喜、劳动之荣光。

农业生产是一个特殊的生产过程，因为农作物的生长快不得，慢不得，也急不得，要耐得住时光，着眼于长远。常年与农业打交道的农民在躬耕田亩的时候，要契合大自然的节奏和农作物的生长规律，专心耕耘，静待收获。因此，经过时光的锤炼，农民形成了冷静平和的特质。收获不仅仅是粮食等物质的丰收，还有精神上的愉悦和幸福。

　　以丰收节为契机，我们要进一步倡导重农、尊农、惜农的社会风尚。农业是14亿人的衣食之源，让尊重农民、感恩劳作的思维与情感融入行为方式，让敬天惜物、懂得节制成为主流风尚、主流价值，这是社会文明的进阶。 我们要进一步发掘农耕桑织的文化美感，让农耕文明成为当前社会主义文化建设的深厚底蕴和精神引领。 我们要进一步汇聚起全党上下、社会各方的强大力量，奔赴乡村振兴主战场。

　　中国农民丰收节的设立给了农民一个分享喜悦的机会，也引导在全社会形成关注农业、关心农村、关爱农民的浓厚氛围。

春华灼灼，秋实离离；秋分时节，天高气爽

在春天，我们看到麦苗青青、桃李芬芳，各种农作物生长茂盛；秋天，枝头挂满各种各样的果实，田野一片金黄；到了秋分时节，更是天蓝蓝、云淡淡，一派丰收景象。

灼灼 花开鲜艳的样子，出自《诗经·周南·桃夭》："桃之夭夭，灼灼其华。"

离离 各种相貌，出自《诗经·小雅·湛露》："其桐其椅，其实离离。"

知识条目

秋分

秋分是二十四节气中的第16个节气，时间一般为每年的公历9月22—24日。秋分这天太阳到达黄经180°（秋分点），几乎直射地球赤道，全球各地昼夜等长。秋分过后，白昼会越来越短，夜晚会越来越长。

秋分时节，中国大部分地区已经进入凉爽的秋季，南下的冷空气与逐渐衰减的暖湿空气相遇，产生一次次降水，气温也一次次下降。正如人们常说的，已经到了"一场秋雨一场寒"的时候，但秋分之后的日降水量不会很大。

在农事方面，秋分时节中国南、北方的田间耕作各有不同。中国华北地区有农谚说："白露早，寒露迟，秋分种麦正当时。"这句谚语

明确指出了秋分是中国北方播种冬小麦的时间。"秋分天气白云来，处处好歌好稻栽"则反映出江南地区秋分时节的气候与当年稻谷的收成息息相关，因为秋分是江南地区的水稻灌浆和产量形成的关键期。此外，劳动人民将秋分节气的禁忌也总结成了谚语，如"秋分只怕雷电闪，多来米价贵如何"。

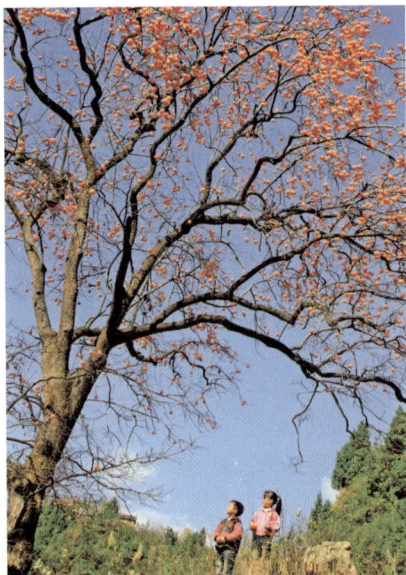

■麻柳柿子红似火（伏绍伦 摄）

秋收

一年的农事中，秋收是非常重要的环节，这意味着农民将近一年的辛勤付出有了结果。随着社会发展和生产方式的变革，秋收的内容和意义也在发生变化。

以前的秋收，是一派农忙景象。要选一个晴天，农户一家老小出动，一手握镰刀，一手把稻穗，一刀一刀地收割。然后成捆地摞起来，修筑打谷场，粮食晾晒脱粒后，再归仓，秋收工作始告一段落。由于时间跨度长，体力劳动强度大，有时候要发挥人多力量大的作用，好几户一起合作，收完一户，再收另一户，直至全部收完，所以有"农忙"之说，农村学校还会休"农忙假"，以便学生可以回家帮助收割。如今，随着农业机械化的发展，以往需要很多劳力和时间才能完成的秋收，现在时间大大缩短，也不再需要大量劳动力，秋收带给农民更多的幸福感。

瓜果飘香，秋熟稻馨；牛羊成群，蟹肥菊黄

　　在丰收的季节里，展现在人们眼前的是成熟的瓜果，北方的高粱压弯了枝，南方的水稻泛起了千重金浪。一群群肥硕的牛羊在草原上怡然自得地吃着青草。秋菊盛开的时节，也正是螃蟹味道鲜美、人们大快朵颐的时候。

　　秫　稷（小米）之黏者也，这里泛指北方的农作物。

知识条目

农作物

　　农作物指农业上栽种的各种植物，包括粮食作物、经济作物两大类。

　　粮食作物是谷类作物（小麦、水稻、玉米）、薯类作物（包括甘薯、马铃薯等）及豆类作物（包括蚕豆、豌豆、绿豆等）的总称。在营养成分上，谷类作物主要提供淀粉、植物蛋白、维生素等，薯类作物主要提供淀粉、维生素等，豆类作物主要提供蛋白质、脂肪等。水稻、小麦、玉米是中国三大主粮。

　　经济作物包括棉花、油料作物、麻类、桑柞丝、茶叶、糖料作物、蔬菜、烟叶、水果、药材等，其中油料作物包括大豆、花生、油菜、芝麻、蓖麻、向日葵、油莎豆等。经济作物能够满足人们穿衣、治病、摄取营养等多种需求。

■ 成熟的农作物

国家农作物种质资源库

农作物种质资源是保障国家粮食安全、生物产业发展和生态文明建设的关键性战略资源。人类解决未来的食物、能源和环境危机，都有赖于农作物种质资源。农作物种质资源越丰富，基因开发潜力越大，生物产业竞争力就越强。随着现代科技的发展，科研人员已经将大部分种质资源收集了起来，储存在一个"仓库"中，我们把这个"仓库"叫作"种质资源库"。人们可以通过仪器设备控制该库体的储藏环境，使种质在几十年，甚至数百年之后仍具有原有的遗传特性和很高的发芽率。

党中央、国务院高度重视种质资源工作。2019年国务院办公厅印发了《关于加强农业种质资源保护与利用的意见》。2020年12月，中央经济工作会议强调要"加强种质资源保护和利用，加强种质库建设"。2021年中央一号文件对农作物、畜禽、海洋渔业三大库的建设进行了部署。

　　国家种质资源库是确保我国农业种质资源长期战略保存的重要设施，对于应对各类自然风险，保障国家粮食安全、维护中华民族永续发展具有不可替代的作用，是"国之重器"。目前，我国已经建立了完善的农作物种质资源保存体系，包括国家农作物种质资源库（长期库）1座、复份库1座、中期库10座、种质圃43个，负责长期保存全国农作物种质资源，以及粮食农作物种质资源的中期保存与分发。其中，国家农作物种质资源库主要负责长期战略保存的任务，是整个保存体系的核心；复份库建在青海，承担着备份保存任务；中期库分布在北京、黑龙江、河南等8个省市，负责对外分发共享，以及向长期库、复份库输送资源；种质圃布局在全国38个科研院所和高校，主要是解决果树等无性繁殖作物种质资源保存问题。

　　国家农作物种质资源库于1986年10月在中国农业科学院落成，建立了较为完善的软硬件设施，保存各类农作物种质资源50万份，保存总量位居世界第二。2019年2月26日，国家农作物种质资源库新库项目在中国农业科学院正式开工建设，设计容量为150万份，是现有种质库容量的近4倍。

畜禽

　　畜禽指经过人类长期驯化和选育而成，遗传性能稳定，有成熟的品种和一定的种群规模，能够不依赖于野生种群而独立繁衍的哺乳纲或鸟纲驯养动物。按照国家公布的《国家畜禽遗传资源目录》，包括猪、牛、羊、鸡、鸭、鹅等17种传统畜禽和梅花鹿、马鹿、水貂、银狐、貉等16种特种畜禽。

■梨园生态养殖
（琚阳 摄）

国家畜禽种质资源库

在畜禽种质资源保护方面，国家着力通过打造三道屏障，健全畜禽遗传资源保护体系，实现对畜禽遗传材料的长期战略保存：第一道屏障，在159个国家级保护品种的原产地建立活体保种场或者保护区；第二道屏障，在重点省份建设9个区域性的基因库；第三道屏障，在国家家畜基因库的基础上，加快建设国家畜禽种质资源库。

国家畜禽种质资源库是国家三大种质资源库之一，已经正式批准立项，2022年将在位于北京的中国农科院畜牧兽医研究所开工建设，总建筑面积1.4万平方米，保存容量可突破2 500个品种，超低温保存的精液、胚胎、细胞等遗传材料可以超过3 300万份，届时也将位居世界首位。国家畜禽种质资源库的建设目标是建成全球保存畜禽种质资源总量最多、品种最全、体系最完整、智能化水平最高的国家畜禽种质资源库，打造畜禽种质资源战略保存的"全球库"，成为世界领先的资源创新中心，为我国现代种业自主创新和畜牧业高质量发展提供强有力的支撑。

水产

水产是海洋、江河、湖泊里出产的经济动植物的统称，如鱼、虾、蟹、贝类、海带、石花菜等。"水产"一词出自西晋张华《博物志》："东南之人食水产，西北之人食陆畜。"

水产品自古以来就是人类从自然界中获得食物的重要来源。在原始社会相当长的时期内，采集和猎捕水产动植物是人类赖以为生的重要手段。水产品除直接供给人类食用外，还是畜禽饲料、化工原料、医药物品和手工艺品的重要来源。许多国家把水产品纳入广义农业的范畴。

中国的水产资源种类繁多，仅鱼类就有3 000多种，其中南海约有1 400多种，东海800多种，黄海和渤海200多种，内陆水域800多种，为中国水产业的发展提供了良好条件。

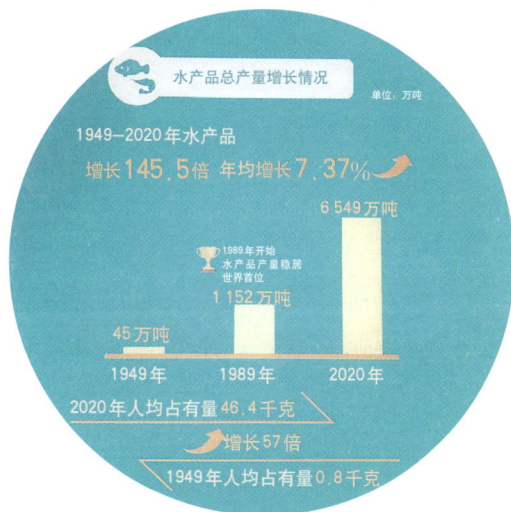

水产品总产量增长情况　　单位：万吨
1949—2020年水产品增长145.5倍 年均增长7.37%
6 549万吨
1989年开始水产品产量稳居世界首位
1 152万吨
45万吨
1949年　1989年　2020年
2020年人均占有量46.4千克
增长57倍
1949年人均占有量0.8千克

■新中国成立以来水产品总产量增长情况

国家水产种质资源库群

国家水产种质资源库群目前包括国家海洋渔业生物种质资源库、国家淡水渔业生物种质资源库、国家南海渔业生物种质资源库。

国家海洋渔业生物种质资源库于2015年获得发改委正式批复，

建筑面积约2万平方米，2018年3月开工建设，2020年9月工程竣工验收。2021年10月28日，国家海洋渔业生物种质资源库在山东青岛正式挂牌运行。保存种质资源的类型和形式包括基因资源、细胞资源、活体资源、微生物资源和生物标本，设计长期库容量为35万份，目前保藏量已达到10万份。这是我国迄今保存规模最大、设施最先进的渔业种质库，是我国原产地保护和异地保护相结合、活体保种和遗传物质保存互为补充的种质资源保存体系中的关键组成部分，显著提高了我国水产种质资源保存水平。

国家淡水渔业生物种质资源库拟选址武汉，截至2021年年底已完成可行性研究报告编制。该库以我国淡水渔业生物种质资源的收集、保存、评价和利用为核心，主要建设内容包括"五库三中心"：活体库、群体库、微生物库、细胞库、基因库以及数据处理中心、大型仪器设备共享中心和科普展示交流中心，拟建总建筑面积2.1万平方米，预计将于2025年完成主体工程建设。

国家南海渔业生物种质资源库拟选址三亚，截至2021年年底还在开展可行性研究报告的编制工作。该库将以我国南海渔业生物种质资源的收集、保存和利用为核心，对加强南海生物种质资源保护、促进水产南繁育种产业持续健康发展、提升南海渔业资源开发利用水平等有重要意义。

■1989年，我国水产品产量跃居世界第一位，截至2020年，连续30年稳居世界首位

九月筑场，十月纳稼；五谷丰登，颗粒归仓

到了9月，农民们开始整理准备打谷场，因为进入10月，各种庄稼就要收获入仓。农民们仔细地将一年来辛苦耕耘收获的粮食一一收归粮仓。

筑场、纳稼 意为筑造场地，把庄稼收进仓库。出自《诗经·豳风·七月》："九月筑场圃，十月纳禾稼。"原意是到了每年的9月，就要为打谷准备场地了，而到了10月，就要把打好的庄稼收进仓库储存起来。

知识条目

五谷

谷原指有壳的粮食，如稻、黍、麦等。五谷就是5种谷物，泛指粮食。千百年来，"五谷丰登"始终是农民的期盼。

五谷到底是哪几种作物，我国古代就有多种说法。《周礼》中是指麻、黍、稷、麦、菽，《孟子》中是指稻、黍、稷、麦、菽，《楚辞》中说的是稻、稷、麦、菽、麻。如今，五谷一般指黍、稷、麦、菽、稻，泛指粮食。在五谷中，只有麦是从国外引进的，其他4种作物都原产于中国。

黍，又称糯秫、糯粟、糜子米等，是我国最古老的农作物之一，去皮后称黄米，比小米稍大，煮熟后有黏性。是一年生草本植物，叶

线形，籽实淡黄色，可以酿酒、做糕点等。

稷，又称粟，耐旱，品种繁多。俗语称"粟有五彩"，有白、红、黄、黑、橙、紫等颜色的小米，还有黏性小米。中国最早的酒是用小米酿造的。粟适合在干旱且缺乏灌溉的地区生长。其茎、叶较坚硬，可以作饲料，一般只有牛能消化。现在主食基本上不包括稷了。

菽，豆类的总称。《孟子》记载："圣人治天下，使有菽粟如水火。菽粟如水火，而民焉有不仁者乎？"将大豆和谷子比作水和火，是百姓不可或缺之物。豆类制品是中国百姓喜欢的食物之一。

麦，是小麦系植物的统称，单子叶植物，在世界各地广泛种植。小麦并非原产于我国，4 000多年前被引进到新疆，并逐渐扩展到中原地区，目前已是我国第二大粮食作物。小麦的颖果是人类的主食之一，磨成面粉后可制作面包、馒头、饼干、面条等食物；发酵后可制成啤酒、酒精、白酒（如伏特加）及生质燃料。

稻，是亚洲热带广泛种植的重要谷物，中国南方为主要产稻区，北方各省也均有栽种。主要分为籼稻与粳稻。去壳后称为大米，是中国人最重要的口粮，也是中国三大主粮之一。水稻原产于我国，耕种

■五谷

与食用的历史都相当悠久，全世界有一半的人口食用稻谷，主要分布在亚洲、欧洲南部、热带美洲及非洲部分地区。水稻总产量居世界粮食作物第三位，仅次于玉米和小麦。

粮食收储体制改革

国家为保护农民的种粮积极性，促进农民就业增收，防止出现"谷贱伤农"和"卖粮难"，在特定时段，按照特定价格，对特定区域的特定粮食品种先后实施了最低收购价收购、国家临时收储等政策性收购。收购价格由国家根据生产成本和市场行情确定，收购的粮食按照市场价格销售。近些年，随着市场形势发展变化，粮食供给更加充裕，按照分品种施策、渐进式推进的原则，国家积极稳妥推进粮食收储制度和价格形成机制改革。2014年起，先后取消了大豆、油菜籽、玉米等粮油品种国家临时收储政策，全面实行市场化收购。2016年起，逐步完善了稻谷和小麦最低收购价格政策，进一步降低了政策性收购比例，实现了以市场化收购为主。

中国粮食收储体制改革大致可以分为3个阶段。

第一个阶段：在购销"双轨制"和指令性计划收购下的改革探索

1985年，国家取消了实行30余年的粮食统购制度，改为合同定购。国家将定购的粮食由超购加价改为按"倒三七"比例计价，即三成按原统购价、七成按原超购价。这次改革的背景是：1978—1984年，随着家庭联产承包责任制的实施以及粮食统购、超购价不断提高，粮食产量迅速增长。据统计，1984年，国有粮食部门收购量达到2 233亿斤，比1978年增加1 211亿斤。但同时，统销价固定，购销价格倒挂，而国家财力不足，难以承受负担。这一次粮改并没有触动购销"双轨制",也没有改变指令性计划收购的性质,合同定购基本采取了强制性行政收购方式,实际上只是一次降低粮价的改革,虽然减轻了财政负担,但后续出现了连续几年的粮食减产徘徊问题。随后,国家较大幅度提高定购价格,其中粮价提高幅度较大的是1989年,达18%,使粮食产量在1989年、1990年得到恢复。

■1990年9月,国家专项粮食储备制度建立。这项制度对搞好丰歉调剂、解决主产区"卖粮难"发挥了重要作用,保护了农民种粮积极性,保证了粮食市场供应和粮价的基本稳定

第二个阶段:打破购销"双轨制"和实行保护价收购制度下的改革探索

20世纪90年代,我国在推进粮食收购制度改革的同时,加快放开粮食销售市场,推进购销同价和在城镇取消"粮票",逐步打破购销"双轨制"。1990年,针对粮食丰收后出现的"卖粮难"问题,国家提出按保护价收购农民议价粮,要求各省按不低于国家规定的保护价向农民收购定购任务以外的议价粮,并正式建立国家专项粮食储备制度。其后,国家又建立了与粮食收购保护价格制度和国家专项粮食储备制度相配套的粮食风险基金制度,确立了"国务院制定保护价基准价,省级政府按不低于中央下达的基准价水平,制定本地区

的保护价，并按保护价收购"的组织模式；并实行"米袋子"省长负责制。粮食收购保护价格制度、粮食风险基金制度和"米袋子"省长负责制，构成了粮食安全的一套制度框架。1996—1998年，粮食产量连续达到1万亿斤，"卖粮难"、国有粮食企业亏损挂

■1993年2月，国务院决定建立粮食收购保护价格制度。这项制度对保护农民种粮的积极性、促进粮食生产稳定增长起到了重要作用。图为粮站到村头收购粮食

账激增等问题出现。1998年，国家提出"四分开、一完善"的粮食体制改革原则，即政企分开、中央与地方责任分开、储备与经营分开、新老财务账目分开，完善粮食价格机制。同时，实行"三项政策、一项改革"，即按保护价敞开收购农民余粮（包括严禁私商粮贩收购粮食）、收购资金封闭运行、顺价销售、国有粮食企业改革。实践证明，在"四分开、一完善"改革中，除了通过建立中央储备粮垂直体系落实了储备与经营分开外，其他几项改革均未得到很好落实。"三项政策"在实施中面临一系列深层次矛盾，也未能实现预期目标。

第三个阶段：全面放开粮食市场条件下的改革探索

2004年，国家总结"三项政策"改革经验教训，同时着眼于解决粮食连续5年减产带来的问题，决定实行"放开市场＋直补粮农＋最低收购价政策（以及其后的临时收储政策）"体制。主要做法是"国务院确定最低收购价格，中储粮公司受国家委托作为政策执行主体，主要通过委托地方企业或租赁社会仓容收购，国家有关部门组织政策性粮食销售，中央财政承担费用利息和盈亏"。连续实行10多年的最

低收购价和临储收购，在促进粮食持续增产和农民增收方面发挥了重要作用，在国家应对国际金融危机、粮食危机的冲击时作用尤其显著。但同时，最低收购价和临储收购政策功能在实施过程中发生了重大转变。其初衷都是对市场价格形成顶托作用，以避免市价过度下跌，伤害农民利益；但在实行过程中，其重心却逐步转向促进种粮农民的收入增长。由此，对市场机制逐步形成了抑制和干扰，日益面临"政策市、库存积压、财政负担沉重"等问题。国家决定积极稳妥推进粮价形成机制和收储制度改革，采取分品种施策、渐进式推进的思路，于2014年取消大豆、油菜籽临储政策，2016年取消玉米临储政策，保留小麦、稻谷最低收购价政策框架并逐步调整最低收购价格水平。

■北大荒农垦集团五九七农场有限公司与深圳市粮食集团有限公司达成合作，在工业园区建设总仓容为45万吨的粮食仓储库，推进收、储、加、运、销一体化建设（吴永江　李士会　摄）

多黍多稌，万亿及秭；丰收喜讯，四面八方

shǔ　tú　　　zǐ

2019年，我国粮食总产量达到13 277亿斤，创造了历史新高，全国各地频频传来丰收的喜讯。

黍（shǔ） 也称"稷""糜子""黄米"。

稌（tú） 本义为稻。

秭（zǐ） 古代数目，指一万亿。

知识条目

"米袋子"省长负责制

粮食是关系国计民生和社会稳定大局的商品，中央和地方各级政府都要发挥作用。我国实行粮食省长负责制，即所谓"米袋子"省长负责制，规定各省（自治区、直辖市）的行政首长负责本地区粮食的供需平衡和粮食市场的相对稳定，包括负责本地区粮食总量平衡，稳定粮田面积、粮食产量、粮食库存，灵活运用地方粮食储备进行调节，保证粮食供应和粮价稳定。实践证明，"米袋子"省长负责制是保障国家粮食安全、保证供应、稳定价格行之有效的做法。

2020年年底，习近平总书记在中央农村工作会议上指出，要牢牢把住粮食安全主动权，粮食生产年年要抓紧。地方各级党委和政府要扛起粮食安全的政治责任，实行党政同责，"米袋子"省长要负责，书记也要负责。

"菜篮子"市长负责制

1988年，为解决副食品供应偏紧的矛盾，农业部开始实施"菜篮子工程"，要求建立中央和地方的肉、蛋、奶、水产和蔬菜生产基地及良种繁育、饲料加工等服务体系，以保证居民一年四季都有新鲜蔬菜吃。1995年的全国两会上，"菜篮子"市长负责制与"米袋子"省长负责制的相关内容被一同写进政府工作报告。

2017年，国务院办公厅印发《"菜篮子"市长负责制考核办法》，明确由农业部（现农业农村部）牵头对直辖市、计划单列市和省会城市等36个城市"菜篮子"市长负责制落实情况进行考核，主要包括"菜篮子"产品生产能力、市场流通能力、质量安全监管能力、调控保障能力和市民满意度5个方面。

"菜篮子"工程以及"菜篮子"市长负责制，在保障城市供应、稳定市场价格、提高居民生活质量等方面发挥了重要作用，特别是在2020年上半年，应对新冠肺炎疫情期间，各地方强化首责，把"菜篮子"产品稳产保供作为一项重要政治任务，严格落实"菜篮子"市长负责制，地方政府特别是市级政府认真负责辖区内蔬菜、肉蛋奶、水产品等供应，统筹抓好生产发展、产销衔接、流通运输、市场调控、质量安全等各项工作，为稳定各地经济社会生产秩序发挥了重要而积极的作用。

■四川省广元市朝天区露地蔬菜喜获丰收

佳节新设，名以丰收；农民节日，史上首创

我们的祖先创立了春节、端午节、中秋节等传统节日，后来又设立了元旦、劳动节和国庆节等现代节日。2018年，经中央批准、国务院批复，将每年二十四节气中的秋分日设立为"中国农民丰收节"，从此，中国农民有了第一个自己的节日。

知识条目

中国农民丰收节

中国农民丰收节由党中央批准，国务院设立，是第一个在国家层面专门为农民设立的节日。每年二十四节气中的秋分日被确立为中国农民丰收节，这充分体现了以习近平同志为核心的党中央对"三农"工作的高度重视，对广大农民的深切关怀。设立中国农民丰收节是一件具有历史意义的大事，是一件蕴涵人民情怀的好事。第一届中国农民丰收节于公历2018年9月23日，农历戊戌年八月十四举办。

举办中国农民丰收节可以展示农村改革发展的巨大成就，传播悠久灿烂的农耕文化，丰富农民精神文化生活。2018年以来，各地围绕农业丰收，举办了类型多样、热烈隆重的庆祝和展示活动，极大地调动了亿万农民的积极性、主动性、创造性，提升了亿万农民的荣誉感、幸福感、获得感。

■ 在第四个中国农民丰收节到来之际，苍山脚下，洱海之畔，云南农垦·云粮2021丰收节活动暨"绿色乡愁·洱海留香"新品发布会隆重举行。白族姑娘们手握沉甸甸的稻子打起了谷子，用传统的方式庆祝稻谷大丰收（陈玲 摄）

源自农耕文明的中国传统节日

中国传统节日作为一种传统文化，根植于中国古代农耕文化，在长期流传的过程中，形成了自身独特的文化内涵，体现了强大的文化凝聚力与生命力，在社会发展进程中具有非常重要的意义。人们在节日祭祖、拜月、踏青、登高、折柳驱邪……多是在祈求风调雨顺、五谷丰登、六畜兴旺，盼望农业有个好收成，国泰民安。据不完全统计，我国目前有全国性、地方性和民族性的传统节日达200多个，而其中最主要的有春节、元宵节、清明节、端午节、七夕节、中秋节、重阳节等。

中国传统节日根植于中国古代农耕文化。据史料记载，春节在唐虞时叫"载"，夏代叫"岁"，周代才叫"年"。"载""岁""年"都指谷物生长周期，谷子一年一熟，所以春节一年一次，有庆丰收的寓意。关于春节的另一种说法是：春节起源于原始社会末期的"腊祭"，当时每逢腊尽春来，先民便杀猪宰羊，祭祀神鬼与祖灵，祈求新的一年风调雨顺，免除灾祸。清明节本是二十四节气之一。这时，我国大部分地区气候温暖，草木萌发，农业上开始忙于春耕春种。江南有关于清明的农谚，"清明谷雨两相连，浸种耕种莫迟延""种树造林，莫过清明"。中秋节的起源，有一种说法是"秋报"的遗俗，因为农历八月十五这一天恰好稻子成熟，人们便饮酒舞蹈，喜气洋洋地庆祝丰收。重阳节在陕北意味着正式开始收割……从

■中秋节赏月、吃月饼源自中国传统农耕文化

起源看，传统节日的设立大多出于农耕目的，虽然在流传过程中，有些节日淡化了农耕印记，但传统节日体现或根植于古代农耕文化这一点是确定的。

中国传统节日还体现出重农固本、自强不息、天人合一、贵和尚美等文化精神，中国传统节日及节日中的一些习俗历经几千年仍被保存、遵守着，体现出强大的文化生命力。

盛事彰农，其情实深；重礼厚民，其愿乃祥

在中国农民丰收节这个盛大的节日里，我们饱含深情地大力表彰"三农"战线上涌现的先进人物，弘扬他们的先进事迹。通过设立中国农民丰收节和举办以农民为主体的丰收节活动，提升亿万农民的荣誉感、幸福感和获得感；在全社会营造重农强农的浓厚氛围，凝聚爱农支农的强大力量，实现关心农村、关注农业、关爱农民的良好夙愿。

重礼厚民，其愿乃祥 意指只有善待农民朋友、尊重农民朋友，国家安定的愿望才会实现。

知识条目

习近平总书记向农民祝贺丰收

自2018年设立首个中国农民丰收节以来，亿万农民已欢度4个庆祝丰收、享受丰收的节日。中共中央总书记、国家主席、中央军委主席习近平连续4年代表党中央向全国亿万农民致以节日的问候和良好的祝愿。

2018年秋分，是我国历史上第一个为亿万农民设立的中国农民丰收节。习近平总书记代表党中央向全国亿万农民致以节日的问候和良好的祝愿。习近平指出，设立中国农民丰收节，是党中央研究决定的，进一步彰显了"三农"工作重中之重的基础地位，是一件影响深

远的大事。秋分时节，全国处处五谷丰登、瓜果飘香，广大农民共庆丰年、分享喜悦，举办中国农民丰收节正当其时。习近平强调，我国是农业大国，重农固本是安民之基、治国之要。广大农民在我国革命、建设、改革等各个历史时期都作出了重大贡献。2018年是农村改革40周年，40年来，我国农业农村发展取得历史性成就、发生历史性变革。希望广大农民和社会各界积极参与中国农民丰收节活动，营造全社会关注农业、关心农村、关爱农民的浓厚氛围，调动亿万农民重农务农的积极性、主动性、创造性，全面实施乡村振兴战略、打赢脱贫攻坚战、加快推进农业农村现代化，在促进乡村全面振兴、实现"两个一百年"奋斗目标新征程中谱写我国农业农村改革发展新的华彩乐章！

2019年秋分，我国迎来第二个中国农民丰收节。习近平总书记通过中央电视台农业农村频道，向全国广大农民和工作在"三农"一线的同志们表示诚挚的问候。习近平指出，春种秋收，天道酬勤。农业根基稳，发展底气足。"三农"领域的成就，是全党全国

■浙江省德清县庆祝中国农民丰收节

■北京市延庆区农民庆祝丰收（贾德勇 摄）

上下共同努力的结果，也是广大农民和农业战线工作者辛勤劳作的结果。

2020年秋分，在第三个中国农民丰收节到来之际，习近平总书记代表党中央，向全国广大农民和工作在"三农"战线上的同志们致以节日的祝贺和诚挚的慰问。习近平指出，当前正是秋粮收获的季节，祖国大地到处是丰收景象。今年丰收来之不易，突如其来的新冠肺炎疫情、长江流域严重洪涝灾害、东北地区夏伏旱、连续台风侵袭给粮食和农业生产带来挑战。全国广大农民和基层干部发扬伟大抗疫精神，防控疫情保春耕，不误农时抓生产，坚持抗灾夺丰收，为保持经济社会大局稳定提供了有力支撑。习近平强调，各级党委和政府要切实落实好党中央关于"三农"工作的大政方针和工作部署，在全社会形成关注农业、关心农村、关爱农民的浓厚氛围，让乡亲们的日子越过越红火。希望全国广大农民紧密团结在党的周围，为乡村全面振兴的美好明天、为中华民族伟大复兴的中国梦努力奋斗！

2021年秋分，在第四个中国农民丰收节到来之际，习近平总书记代表党中央，向全国广大农民和工作在"三农"战线上的同志们致以节日的祝贺和诚挚的慰问。习近平指出，今年以来，我们克服新冠肺炎疫情、洪涝自然灾害等困难，粮食和农业生产喜获丰收，农村和谐稳定，农民幸福安康，对开新局、应变局、稳大局发挥了重要作用。习近平强调，民族要复兴，乡村必振兴。进入实现第二个百年奋斗目标新征程，"三农"工作重心已历史性转向全面推进乡村振兴。各级党委和政府要贯彻党中央关于"三农"工作的大政方针和决策部署，坚持农业农村优先发展，加快农业农村现代化，让广大农民生活芝麻开花节节高。

连续4年的热烈祝贺与美好祝愿，充分体现了以习近平同志为核心的党中央对农民的深情、对"三农"的重视，也是"重中之重"的生动体现，更是共产党人不忘初心、牢记使命的真实写照。

全面小康，重在农村；民为邦本，须臾不忘

实现全面小康的建设目标，重点在于乡村的振兴。老百姓是国家兴旺和社会安定的根本，任何时候都不能忽视和忘记。

知识条目

全面小康

小康是中华民族亿万民众始终追求却难以实现的千年梦想。改革开放之初，邓小平同志首先用"小康"来诠释中国式现代化，提出"小康之家"概念，明确到20世纪末在中国建立一个小康社会的奋斗目标，并指出，所谓小康，从国民生产总值来说，就是年人均达到1 000美元。从"小康之家"到"小康社会"，"小康"这一饱含中华文化深厚底蕴、富有鲜明中国特色、千百年来深深埋藏在中国人民心中的美好愿景，由此成为中国现代化进程的醒目路标。

1982年，党的十二大首次把"小康"作为经济建设总的奋斗目标，提出到20世纪末力争使人民的物质文化生活达到小康水平。1987年，党的十三大制定"三步走"现代化发展战略，把20世纪末人民生活达到小康水平作为第二步奋斗目标。1992年，在人民温饱问题基本得到解决的基础上，党的十四大提出到20世纪末人民生活由温饱进入小康。1997年，党的十五大提出新的"三步走"发展战略，明确到2010年使人民的小康生活更加宽裕。经过长期不懈努力，

20世纪末，人民生活总体上达到小康水平的目标如期实现。2002年，党的十六大针对当时小康低水平、不全面、发展很不平衡的实际，提出全面建设小康社会目标，小康社会建设由"总体小康"向"全面小康"迈进。2007年，党的十七大对实现全面建设小康社会的宏伟目标作出全面部署。进入新时代，2012年，党的十八大提出在中国共产党成立100年时全面建成小康社会。由"全面建设小康"到"全面建成小康"，彰显了党团结带领人民夺取全面建成小康社会胜利的坚定决心。2017年，党的十九大作出决胜全面建成小康社会、开启全面建设社会主义现代化国家新征程战略部署，吹响了夺取全面建成小康社会伟大胜利的号角。

在底子薄、基础弱、国情复杂的中国，全面建成惠及十几亿人口的小康社会，极不平凡。在中国共产党的坚强领导和全国人民的顽强拼搏下，经过几代人的不懈努力，从"小康之家"到"小康社会"，

■幸福的小康生活（董鑫 摄）

从"总体小康"到"全面小康"，从"全面建设"到"全面建成"，这一宏伟梦想终于变为现实。2021年7月1日，习近平总书记在庆祝中国共产党成立100周年大会上庄严宣告，经过全党全国各族人民持续奋斗，我们实现了第一个百年奋斗目标，在中华大地上全面建成了小康社会。

全面小康，重在全面，贵在全体。全面小康，是物质文明、政治文明、精神文明、社会文明、生态文明协调发展的小康；是不断满足人民日益增长的多样化多层次多方面需求，不断促进人的全面发展的小康；是国家富强、民族振兴、人民幸福，多维度、全方位的小康；是全体人民共同享有发展成果的小康，不让一个人掉队，不让一个区域落下，不让一个民族滞后，体现了发展的平衡性、协调性和可持续性，体现了实现人的全面发展和实现全体人民发展的有机统一，体现了实现共同富裕的社会主义本质要求。全面建成小康社会，是迈向中华民族伟大复兴的关键一步。但是，小康还不是富足，人民日益增长的美好生活需要和不平衡不充分的发展之间的矛盾仍然存在。中国共产党将继续团结带领全国各族人民，向着实现人的全面发展、全体人民共同富裕继续迈进。

民为邦本

民为邦本意指老百姓是国家存在的根本。典出夏朝时期，禹的孙子太康即位后荒淫无度，百姓为之悲哀。他到洛水南面打猎，穷国君主羿趁机篡夺了夏国的政权。太康的弟弟作《五子之歌》："皇祖有训，民可近，不可下。民惟邦本，本固邦宁。"意在告诫人们，老百姓是一个国家的根本，他们的日子好过，国家才会安宁。

■浙江省开化县龙门村村民采茶忙（姜天华 摄）

民本思想是中华民族数千年治国理政的核心理念。从《尚书》"民惟邦本，本固邦宁"到孟子的"民贵君轻"，从朱熹的"新民"思想、王阳明的"亲民"思想到顾炎武的"厚民生，强国势"，历史上诸家都推崇民本思想。民为邦本的思想在实际政治生活中影响较大，曾经成为促进封建盛世形成的指导思想和抑制专制君主暴虐无道、残害百姓的思想武器。

中国共产党自成立以来，把为中国人民谋幸福，为中华民族谋复兴作为自己的初心和使命，始终坚持人民立场，全心全意为人民服务，这是中国共产党由小到大、由弱变强并不断从胜利走向胜利的根本法宝。抗日战争时期，中华民族处于危急存亡之秋，人民身处苦难深渊。受毛泽东同志之邀，爱国华侨陈嘉庚先生前往延安。在杨家岭窑洞，毛泽东用洋芋、豆腐等陕北农家菜，外配一道鸡汤，宴请了陈嘉庚。毛泽东抱歉地解释道："我没有钱买鸡，这只鸡是邻居老大娘知道我有远客，送给我的！"相比国民党政府拨出8万元接待专款、一顿饭动辄800银元的规格，陈嘉庚在这顿1.5元的"宴请"中，看到了共产党人艰苦奋斗的优良作风，看出了共产党得民心、得天下的历史必然，并意味深长地说："得天下者，共产党也！"

把人民放在心中最高的位置，这是一代又一代共产党人的执着追求。焦裕禄、孔繁森、沈浩、杨善洲、廖俊波……一个个闪光的名字，如同一支支闪亮的火炬，汇聚成人民政党的磅礴力量，诠释了人民至上的丰富内涵。

党的十八大以来，以习近平同志为核心的党中央，坚持以人民为中心的发展思想，把人民群众对美好生活的向往当作奋斗目标，坚持"人民就是江山，江山就是人民"，在实践中坚持人民立场，践行人民共享，尊重人民主体地位，回应人民期盼，不忘初心，继续前进，诠释了中国共产党人始终把人民放在心中最高位置的政治情怀。

百姓和美，安居乐业；物阜民熙，幸福安康

在中央惠农强农政策的引导推动下，农村基础设施条件明显改善，农村环境日益宜居，农村社会管理扎实推进，农村物质更加丰富，农民生活更加幸福，呈现出社会升平的景象。

物阜 物产富饶的景象。

知识条目

农产品质量与安全

俗话说，民以食为天，食以安为先。人们每天消费的食物，有相当大的部分是农业的初级产品，农产品质量安全对老百姓的日常生活至关重要。农产品质量安全的内涵，根据《中华人民共和国农产品质量安全法》规定，是指农产品质量符合保障人的健康、安全的要求。

农产品的质量安全是相对于数量安全而言的。长期以来，我国农业的首要任务是解决十几亿人的吃饭问题，增加产量是第一位的。随着经济社会发展和生产力水平提高，我国农产品供给从长期短缺变为总量平衡、丰年有余，农业发展经历了从单纯追求数量到数量质量并重，再到更加注重质量提升的认识转变过程。

2001年4月，农业部会同有关部门启动了"无公害食品行动计

划"，构建投入品专项整治、例行监测、认证认可等制度机制，真正开启了顶层设计，并开始系统地抓农产品质量安全工作；2006年，《中华人民共和国农产品质量安全法》颁布实施，我国农产品质量安全工作进入依法监管的新阶段；2008年，农业部成立农产品质量安全监管局，从中央层面强化了农产品质量安全监管职责，并有力带动了省、地、县三级监管、监测、执法等体系建设。

党的十八大以来，中国特色社会主义进入新时代，习近平总书记作出了"产出来、管出来""四个最严"等重要指示，为做好农产品质量安全工作，推进农业高质量发展指明了方向。各级农业部门认真贯彻落实党中央、国务院部署，紧紧围绕确保不发生重大农产品质量安全事件的目标，一手抓标准化生产，大力实施化肥农药使用量零增长行动，加快转变农业发展方式，从源头上提升农产品质量安全水平；一手抓执法监管，严厉打击违法犯罪行为，着力解决农产品质量安全突出问题。推进质量兴农、绿色兴农、品牌强农，我国农产品质量安全保持稳中向好的发展态势。2021年6月8日，农业农村部对外发布，我国农产品质量安全例行监测合格率连续六年保持在97%以上，总体呈现稳中向好的发展态势。

■持续开展违禁物质等专项整治行动，高毒农药和禁用兽药问题基本解决。图为执法人员对农贸市场销售的蔬菜进行农药残留检测

农业品牌

农业品牌是指涉农主体和机构在其生产经营活动中使用并区别于其他同类产品或服务的名称及标志，主要包括区域公用品牌、企业品牌和产品品牌。区域公用品牌是指能够代表一个区域公共利益的机构所打造的农业品牌，包括农产品、乡村旅游等区域公用品牌。企业品牌是指依法成立的农业生产经营主体所使用的品牌，包括产业化龙头企业、农民合作社、家庭农场等。产品品牌包括涉农主体和机构生产或提供的产品和服务品牌。

农业品牌是农业竞争力的核心标志，"质量兴农、品牌强农"已经成为提升我国农业竞争力、实现乡村振兴的战略选择。党中央、国务院高度重视农业品牌建设。习近平总书记指出，要做好"特"字文章，加快培育特色农业，打造高品质、有口碑的农业"金字招牌"。强调要深入推进农业供给侧结构性改革，推动品种培优、品质提升、

省部长推介品牌农产品专场

品牌打造和标准化生产。中央一号文件连续多年关注农业品牌建设，提出要创响一批"土"字号、"乡"字号特色产品品牌。

农业农村部不断强化顶层设计，建立健全工作机制，加强政策创设，将2017年确定为"农业品牌推进年"，组织召开全国农业品牌推进大会，全面部署新时期工作重点。2018年，农业农村部印发《关于加快推进品牌强农的意见》，明确了品牌强农的主攻方向、目标任务和政策措施。2019年，指导启动中国农业品牌目录制度建设，引导规范农业品牌发展。2020年起，连续两年印发《中国农业品牌发展报告》，为创新推进农业品牌提供支撑。

在各方的积极探索和共同推动下，我国农业品牌建设加速发展，政策体系逐步完善，发展基础日益夯实，营销推介创新有力，品牌溢价效应逐步显现，一批特色鲜明、质量过硬、信誉可靠的农业品牌深入人心，现已形成全国推进、多点突破、全面开花的农业品牌发展格局，营造了政府强力推动、企业自主创建、社会广泛参与的良好氛围。

■广东阳江农垦红十月农场红心火龙果经过专业种植，品质优良，职工笑逐颜开喜迎丰收（钟炎波 摄）

亿万农民，如沐清风；奔走相告，喜气洋洋

改革开放以来，广大农民的生活水平和精神面貌发生了巨大变化。新时代的惠农政策，农民丰收节的设立，让农民喜上眉梢，大家奔走相告，将党的好政策传达给每一位亲朋好友。

知识条目

新中国"三农"领域辉煌成就

新中国成立70多年来，"三农"领域有很多事值得大书特书。重点有以下五大历史性成就：

一是成功解决了十几亿中国人的吃饭问题，牢牢掌握粮食安全的主动权。吃饱肚子是中国老百姓孜孜以求的梦想，但历朝历代都没能圆上这个温饱梦，只有在中国共产党的领导下，才端稳了中国人的饭碗，让中国人的饭碗装满中国粮。1949年，我国粮食产量仅有2 264亿斤，粮食产量先后迈过14个千亿斤台阶，自2015年开始已连续7年稳定在1.3万亿斤以上。在人口保持增长的情况下，目前我们人均粮食占有量480多千克，连续多年超过国际上通用的400千克粮食安全标准线。肉、蛋等重要农产品产量稳居世界第一，"油瓶子""菜篮子""果盘子"供应充足。中国农业已彻底告别了长期短缺的历史，用占世界9%的耕地养活了世界近20%的人口，这是世界农业史上的奇迹。

二是消除了农村绝对贫困。改革开放初期农村贫困人口有7.7亿，

2020年年底，我国现行标准下9 899万农村贫困人口全部脱贫，832个贫困县全部摘帽，12.8万个贫困村全部出列，区域性整体贫困得到解决，如期完成了消除绝对贫困的历史性艰巨任务，开创了人类减贫奇迹。农村民生也发生翻天覆地的变化。改革开放以来，农民人均可支配收入由1978年的133.6元，增长至2020年的17 131元。农村社会保障从无到有、标准不断提高，基本实现了幼有所育、学有所教、老有所养、病有所医、弱有所扶，农民有了更多获得感和幸福感。

三是农业现代化有了质的飞跃。农业生产方式发生革命性变化，和过去相比已不可同日而语。农业科技进步贡献率超过60%，主要农作物良种基本实现全覆盖，可以说农民面朝黄土背朝天、人拉牛耕已经成为历史，我国农业进入主要依靠科技装备驱动的新阶段。质量兴农、绿色兴农加快发展，农药化肥使用量连续4年实现负增长。手机已经成为农民的新农具，农民坐在家里划动手机就能了解技术和市场信息。

四是形成了一套中国特色的"三农"政策体系。改革开放以来，我们实行家庭联产承包责任制，坚持"多予、少取、放活"方针，告别延续2 600多年的"皇粮国税"，建立农业补贴制度，土地承包期将再延长三十年，推行"三权"分置改革，搭建起农业支持保护和农村改革发展稳定的制度框架，这些重要的制度性成果将长期起作用，也将长期坚持。

五是开启了乡村振兴新篇章。党的十九大提出实施乡村振兴战略，这是我们解决温饱、摆脱贫困后的又一历史性任务，是新时代"三农"工作总抓手。

新中国成立70多年农业农村发展有很多宝贵经验，最根本的有两条：一条是始终坚持党对"三农"工作的全面领导，保证"三农"改革发展始终沿着正确方向前进；一条是始终坚持农民主体地位，尊重农民首创精神，保护调动农民的积极性、创造性。

累累硕果，尽情晾晒；丰收喜悦，写在脸上

辛勤的劳动换来了丰收的硕果。秋分这天，农民将自己的劳动果实晾晒在自家的房顶上和庭院里，脸上露出了丰收的喜悦，更增节日的喜庆色彩。

知识条目

夏粮、秋粮、口粮

夏粮和秋粮是基于我国大部分地区一年一熟或一年两熟农业耕作制度，为便于及时了解全国的粮食生产情况、满足人民日常所需而划分的。这种分类方法早在我国唐代实行两税制改革时即被采用。在我国全年粮食产量中，夏粮占近1/4，秋粮占3/4左右。

夏粮。一般指夏收粮食，是上年秋、冬季和本年春季播种，夏季收获的粮食作物，主要包括冬小麦、夏收春小麦、大麦、元麦、蚕豆、豌豆、夏收马铃薯等，目前我国的夏粮作物主要是小麦，占比在90%以上。

秋粮。一般指秋收粮食，是本年春、夏季播种，秋季收获的粮食作物，如中稻、晚稻、玉米、高粱、谷子、甘薯、大豆等。

口粮。古时指军队中按人发给的粮食，现常指供给人们日常食用的粮食，主要包括水稻和小麦。口粮是相对加工粮和饲料粮而言，是满足人们生存需求的必需品，也是人们生活、工作的主要能量来

源。在我国这样一个有着14亿人口的大国，吃饭问题始终是摆在党和国家面前的首要工作。"洪范八政，食为政首"。"口粮"定义的提出，就是要在我国有限的资源基础上，抓住主要矛盾，突出工作重点，确保国家粮食安全。党的十八大以来，以习近平同志为核心的党中央始终把粮食安全作为治国理政的头等大事，高屋建瓴地提出了新时期国家粮食安全的新战略。习近平总书记还指出"要进一步明确粮食安全的工作重点，合理配置资源，集中力量首先把最基本最重要的保住"。2013年12月，中央经济工作会议首次提出要做到"谷物基本自给、口粮绝对安全"，将口粮作为保障粮食安全的首要目标。

设施农业

设施农业是综合应用工程装备技术、生物技术和环境技术，摆脱自然环境和传统生产条件的束缚，按照动植物生长发育所要求的最佳环境条件，进行动植物生产的现代农业生产方式。设施农业的概念有广义和狭义之分，广义的设施农业包括设施种植、设施畜牧和设施渔业，狭义的设施农业指设施种植，通常也称为设施园艺或设施栽培。

设施种植的主要设施类型有连栋温室、塑料大棚、日光温室、中小拱棚及遮阳棚等，主要种植蔬菜、瓜果、花卉、食用菌等。设施蔬菜是设施种植的典型代表，山东省寿光市设施蔬菜种植面积达60万亩，被誉为"中国蔬菜之乡"。设施畜牧以生猪、蛋鸡、肉鸡、奶牛、肉牛、肉羊等标准化畜禽舍养殖为主。设施渔业以浅海港湾、内陆传统网箱养殖及淡水工厂化养殖为主，其中受控式集装箱循环水绿色生态养殖技术入选农业农村部2018年10项重大引领性农业技术，已在全国19个省（自治区、直辖市）推广应用。

2008年7月，农业部印发《关于促进设施农业发展的意见》，在全国掀起了发展设施农业的新高潮，设施种植品种不断丰富，装备技术水平不断提升，全国温室面积由2008年的83万公顷，增加到2019年的190万公顷。2011年9月，农业部办公厅印发《全国设施农业发展"十二五"规划（2011—2015年）》，提出了设施种植、设施畜牧和设施水产的目标任务、新技术和新装备研发重点、实用装备示范和推广类型，引导行业提升设施农业的技术装备水平，促进设施农业发展方式转变。2014年5月，中国农业机械化协会设施农业分会成立，为企业和政府的沟通搭建了桥梁。2019年12月、2020年6月和2020年11月，农业农村部分别印发《关于加快畜牧业机械化发展的意见》《关于加快推进设施种植机械化发展的意见》《关于

■北京郊区农业立体栽培

加快水产养殖机械化发展的意见》，提出了"十四五"期间设施畜牧机械化、设施种植机械化和水产养殖机械化的目标任务、发展重点和政策措施，促进"十四五"期间设施农业机械化加快发展，推进设施农业转型升级。

政策措施的不断完善，促进了设施农业快速发展，为保障我国蔬菜、肉蛋奶等农产品季节性均衡供应，改善城乡居民生活发挥了十分重要的作用。

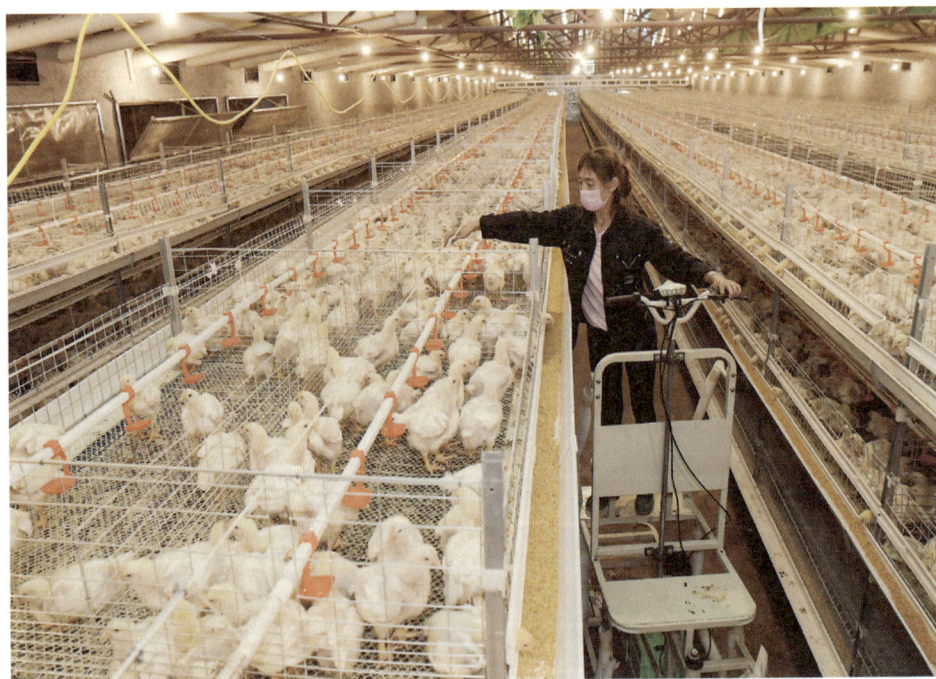

■辽宁朝阳大规模肉鸡养殖

农事民俗，推陈出新；八方风物，熠熠生光

古老的农事节日在今天演变为一个新的丰收节日，将传统的农耕文明发扬光大，形成热爱农业、尊重农民的社会风气。在这个节日里，以农民为主体、政府为引导，因地制宜、突出特色，开展群众喜闻乐见的活动，展示科技强农新成果、产业发展新成就、乡村振兴新面貌，让各地名特优新农副产品更具知名度、影响力和信任度。这时，人们尽情地挥洒喜悦，到处闪耀着欢乐祥光。

知识条目

农业文化遗产

农业文化遗产是人类在与所处环境长期协同发展中世代传承并具有丰富的农业生物多样性、完善的传统知识与技术体系、独特的生态与文化景观的农业生产系统。包括农业农村部认定的中国重要农业文化遗产和联合国粮农组织认定的全球重要农业文化遗产。

2002 年，联合国粮农组织在全球环境基金的支持下，发起了"全球重要农业文化遗产"项目，旨在建立农业景观、生物多样性、知识和文化保护体系。2005 年，浙江青田稻鱼共生系统成为中国第一个世界农业文化遗产。在入选全球重要农业文化遗产名录的50 个传统农业项目中，中国拥有15 个，在数量和覆盖类型方面均居世界首位。

2012年4月，农业部启动中国重要农业文化遗产发掘工作。2013年5月，首批中国重要农业文化遗产名录公布，我国成为全球最早开展国家级农业文化遗产认定和保护的国家。首批入选的19个中国重要农业文化遗产涵盖稻、茶、枣等原产于我国的重要作物，以及梯田、垛田、农林牧复合生态等农业生产生态类型，大部分遗产传承历史超过千年，最早的可追溯至上万年前，代表和见证了我国源远流长的优秀农耕文化。

2015年7月，农业部印发《重要农业文化遗产管理办法》，明确

哈尼梯田

湖南新晃侗藏红米

■2012年，农业部正式启动中国重要农业文化遗产发掘工作

了农业文化遗产管理的"动态保护、协调发展、多方参与、利益共享"原则，形成了政府主导、分级管理、多方参与的管理机制，建立了以农业农村部门为核心，联合多个部门共同参与的管理体系。

截至2021年，农业农村部共分6批认定了139项中国重要农业文化遗产，包括农业文化景观、复合种养、水土综合利用、农林果蔬和畜牧渔业等多种类型。各遗产地依托农业文化遗产资源，发展休闲农业、农耕体验、科普教育等农文旅结合新业态，促进文化传承和就业增收，农民群众在农耕文化保护、传承、利用中的获得感、幸福感不断增强，有效助力了脱贫攻坚和乡村振兴。

项目名称	遗产所在地
河北宣化传统葡萄园	河北省张家口市宣化区
内蒙古敖汉旱作农业系统	内蒙古自治区赤峰市敖汉旗
辽宁鞍山南果梨栽培系统	辽宁省鞍山市千山区
辽宁宽甸柱参传统栽培体系	辽宁省丹东市宽甸满族自治县
江苏兴化垛田传统农业系统	江苏省兴化市
浙江青田稻鱼共生系统	浙江省青田县
浙江绍兴会稽山古香榧群	浙江省诸暨市、嵊州市、绍兴县（现绍兴市柯桥区）
福建福州茉莉花种植与茶文化系统	福建省福州市及6个县市区
福建尤溪联合梯田	福建省尤溪县联合镇
江西万年稻作文化系统	江西省万年县
湖南新化紫鹊界梯田	湖南省娄底市新化县
云南红河哈尼稻作梯田系统	云南省红河县、元阳县、绿春县和金平苗族瑶族傣族自治县
云南普洱古茶园与茶文化系统	云南省普洱市澜沧拉祜族自治县
云南漾濞核桃－作物复合系统	云南省大理白族自治州漾濞彝族自治县
贵州从江侗乡稻鱼鸭系统	贵州省从江县
陕西佳县古枣园	陕西省佳县
甘肃皋兰什川古梨园	甘肃省皋兰县什川镇
甘肃迭部扎尕那农林牧复合系统	甘肃省甘南藏族自治州迭部县益哇乡
新疆吐鲁番坎儿井农业系统	新疆维吾尔自治区吐鲁番市

表中"项目名称"列第一部分为：第一批中国重要农业文化遗产

（续）

	项目名称	遗产所在地
第二批中国重要农业文化遗产	天津滨海崔庄古冬枣园	天津市滨海新区
	河北宽城传统板栗栽培系统	河北省宽城满族自治县
	河北涉县旱作梯田系统	河北省涉县
	内蒙古阿鲁科尔沁草原游牧系统	内蒙古自治区赤峰市阿鲁科尔沁旗
	浙江杭州西湖龙井茶文化系统	浙江省杭州市
	浙江湖州桑基鱼塘系统	浙江省湖州市
	浙江庆元香菇文化系统	浙江省庆元县
	福建安溪铁观音茶文化系统	福建省安溪县
	江西崇义客家梯田系统	江西省崇义县
	山东夏津黄河故道古桑树群	山东省夏津县
	湖北赤壁羊楼洞砖茶文化系统	湖北省赤壁市
	湖南新晃侗藏红米种植系统	湖南省新晃侗族自治县
	广东潮安凤凰单丛茶文化系统	广东省潮州市
	广西龙胜龙脊梯田系统	广西壮族自治区龙胜各族自治县
	四川江油辛夷花传统栽培体系	四川省江油市
	云南广南八宝稻作生态系统	云南省文山壮族苗族自治州广南县
	云南剑川稻麦复种系统	云南省大理白族自治州剑川县
	甘肃岷县当归种植系统	甘肃省岷县
	宁夏灵武长枣种植系统	宁夏回族自治区灵武市
	新疆哈密市哈密瓜栽培与贡瓜文化系统	新疆维吾尔自治区哈密市
第三批中国重要农业文化遗产	北京平谷四座楼麻核桃生产系统	北京市平谷区
	北京京西稻作文化系统	北京市海淀区
	辽宁桓仁京租稻栽培系统	辽宁省桓仁满族自治县
	吉林延边苹果梨栽培系统	吉林省延边朝鲜族自治州龙井市
	黑龙江抚远赫哲族鱼文化系统	黑龙江省抚远市
	黑龙江宁安响水稻作文化系统	黑龙江省宁安市
	江苏泰兴银杏栽培系统	江苏省泰兴市
	浙江仙居杨梅栽培系统	浙江省仙居县
	浙江云和梯田农业系统	浙江省云和县
	安徽寿县芍陂（安丰塘）及灌区农业系统	安徽省寿县
	安徽休宁山泉流水养鱼系统	安徽省休宁县

（续）

	项目名称	遗产所在地
第三批中国重要农业文化遗产	山东枣庄古枣林	山东省枣庄市
	山东乐陵枣林复合系统	山东省乐陵市
	河南灵宝川塬古枣林	河南省灵宝市
	湖北恩施玉露茶文化系统	湖北省恩施土家族苗族自治州恩施市
	广西隆安壮族“那”文化稻作文化系统	广西壮族自治区隆安县
	四川苍溪雪梨栽培系统	四川省苍溪县
	四川美姑苦荞栽培系统	四川省凉山彝族自治州美姑县
	贵州花溪古茶树与茶文化系统	贵州省贵阳市花溪区久安乡
	云南双江勐库古茶园与茶文化系统	云南省双江拉祜族佤族布朗族傣族自治县
	宁夏中宁枸杞种植系统	宁夏回族自治区中宁县
	新疆奇台旱作农业系统	新疆维吾尔自治区奇台县
	甘肃永登苦水玫瑰农作系统	甘肃省永登县
第四批中国重要农业文化遗产	河北迁西板栗复合栽培系统	河北省迁西县
	河北兴隆传统山楂栽培系统	河北省兴隆县
	山西稷山板枣生产系统	山西省稷山县
	内蒙古伊金霍洛农牧生产系统	内蒙古自治区鄂尔多斯市伊金霍洛旗
	吉林柳河山葡萄栽培系统	吉林省柳河县
	吉林九台五官屯贡米栽培系统	吉林省长春市九台区
	江苏高邮湖泊湿地农业系统	江苏省高邮市
	江苏无锡阳山水蜜桃栽培系统	江苏省无锡市惠山区
	浙江德清淡水珍珠传统养殖与利用系统	浙江省德清县
	安徽铜陵白姜种植系统	安徽省铜陵市
	安徽黄山太平猴魁茶文化系统	安徽省黄山市
	福建福鼎白茶文化系统	福建省福鼎市
	江西南丰蜜橘栽培系统	江西省南丰县
	江西广昌莲作文化系统	江西省广昌县
	山东章丘大葱栽培系统	山东省济南市章丘区
	河南新安传统樱桃种植系统	河南省新安县
	湖南新田三味辣椒种植系统	湖南省新田县陶岭镇
	湖南花垣子腊贡米复合种养系统	湖南省湘西土家族苗族自治州花垣县

（续）

	项目名称	遗产所在地
第四批中国重要农业文化遗产	广西恭城月柿栽培系统	广西壮族自治区恭城瑶族自治县
	海南海口羊山荔枝种植系统	海南省海口市
	海南琼中山兰稻作文化系统	海南省琼中黎族苗族自治县
	重庆石柱黄连生产系统	重庆市东南部地区
	四川盐亭嫘祖蚕桑生产系统	四川省盐亭县
	四川名山蒙顶山茶文化系统	四川省雅安市名山区
	云南腾冲槟榔江水牛养殖系统	云南省腾冲市
	陕西凤县大红袍花椒栽培系统	陕西省凤县
	陕西蓝田大杏种植系统	陕西省蓝田县
	宁夏盐池滩羊养殖系统	宁夏回族自治区盐池县
	新疆伊犁察布查尔布哈农业系统	新疆维吾尔自治区伊犁哈萨克自治州察布查尔锡伯自治县
第五批中国重要农业文化遗产	天津津南小站稻种植系统	天津市津南区
	内蒙古乌拉特后旗戈壁红驼牧养系统	内蒙古自治区乌拉特后旗
	辽宁阜蒙旱作农业系统	辽宁省阜新蒙古族自治县
	江苏吴中碧螺春茶果复合系统	江苏省苏州市吴中区
	江苏宿豫丁嘴金针菜生产系统	江苏省宿迁市宿豫区
	浙江宁波黄古林蔺草－水稻轮作系统	浙江省宁波市
	浙江安吉竹文化系统	浙江省安吉县
	浙江黄岩蜜橘筑墩栽培系统	浙江省台州市黄岩区
	浙江开化山泉流水养鱼系统	浙江省开化县
	江西泰和乌鸡林下生态养殖系统	江西省泰和县
	江西横峰葛栽培生态系统	江西省横峰县
	山东泰安汶阳田农作系统	山东省泰安市
	河南嵩县银杏文化系统	河南省洛阳市嵩县
	湖南安化黑茶文化系统	湖南省安化县
	湖南保靖黄金寨古茶园与茶文化系统	湖南省保靖县
	湖南永顺油茶林农复合系统	湖南省湘西土家族苗族自治州永顺县
	广东佛山基塘农业系统	广东省佛山市
	广东岭南荔枝种植系统（增城、东莞）	广东省广州市增城区、东莞市
	广西横县茉莉花复合栽培系统	广西壮族自治区横县

（续）

项目名称	遗产所在地
重庆大足黑山羊传统养殖系统	重庆市大足区
重庆万州红桔栽培系统	重庆市万州区
四川郫都林盘农耕文化系统	四川省成都市郫都区
四川宜宾竹文化系统	四川省宜宾市
四川石渠扎溪卡游牧系统	四川省石渠县
贵州锦屏杉木传统种植与管理系统	贵州省锦屏县
贵州安顺屯堡农业系统	贵州省安顺市
陕西临潼石榴种植系统	陕西省西安市临潼区

<table>
<tr><td rowspan="23">第六批中国重要农业文化遗产</td><td>山西阳城蚕桑文化系统</td><td>山西省晋城市阳城县</td></tr>
<tr><td>内蒙古武川燕麦传统旱作系统</td><td>内蒙古自治区呼和浩特市武川县</td></tr>
<tr><td>内蒙古东乌珠穆沁旗游牧生产系统</td><td>内蒙古自治区锡林郭勒盟东乌珠穆沁旗</td></tr>
<tr><td>吉林和龙林下参–芝抚育系统</td><td>吉林省延边朝鲜族自治州和龙市</td></tr>
<tr><td>江苏启东沙地圩田农业系统</td><td>江苏省南通市启东市</td></tr>
<tr><td>江苏吴江蚕桑文化系统</td><td>江苏省苏州市吴江区</td></tr>
<tr><td>浙江缙云茭白–麻鸭共生系统</td><td>浙江省丽水市缙云县</td></tr>
<tr><td>浙江桐乡蚕桑文化系统</td><td>浙江省嘉兴市桐乡市</td></tr>
<tr><td>安徽太湖山地复合农业系统</td><td>安徽省安庆市太湖县</td></tr>
<tr><td>福建松溪竹蔗栽培系统</td><td>福建省南平市松溪县</td></tr>
<tr><td>江西浮梁茶文化系统</td><td>江西省景德镇市浮梁县</td></tr>
<tr><td>山东莱阳古梨树群系统</td><td>山东省烟台市莱阳市</td></tr>
<tr><td>山东峄城石榴种植系统</td><td>山东省枣庄市峄城区</td></tr>
<tr><td>湖南龙山油桐种植系统</td><td>湖南省湘西土家族苗族自治州龙山县</td></tr>
<tr><td>广东海珠高畦深沟传统农业系统</td><td>广东省广州市海珠区</td></tr>
<tr><td>广西桂西北山地稻鱼复合系统</td><td>广西壮族自治区柳州市三江侗族自治县、融水苗族自治县，桂林市全州县，靖西市，百色市那坡县</td></tr>
<tr><td>云南文山三七种植系统</td><td>云南省文山壮族苗族自治州文山市</td></tr>
<tr><td>西藏当雄高寒游牧系统</td><td>西藏自治区拉萨市当雄县</td></tr>
<tr><td>西藏乃东青稞种植系统</td><td>西藏自治区山南市乃东区</td></tr>
<tr><td>陕西汉阴凤堰稻作梯田系统</td><td>陕西省安康市汉阴县</td></tr>
<tr><td>广东岭南荔枝种植系统（扩展项目）</td><td>广东省茂名市</td></tr>
</table>

非物质文化遗产

　　非物质文化遗产是指各族人民世代相传，并视为其文化遗产组成部分的各种传统文化表现形式，以及与传统文化表现形式相关的实物和场所。非物质文化遗产是一个国家和民族历史文化成就的重要标志，是优秀传统文化的重要组成部分。为更好在世界范围内保护以传统、口头表述、节庆礼仪、手工技能、音乐、舞蹈等为代表的非物质文化遗产，2003年10月，联合国教科文组织第三十二届大会上通过了《保护非物质文化遗产公约》，并于2006年4月生效。

　　我国政府一贯重视保护非物质文化遗产。为继承和弘扬中华民族优秀传统文化，国务院于2005年12月22日发布《关于加强文化遗产保护的通知》，决定从2006年起，每年6月的第二个星期六为我国的"文化遗产日"，并制定了"国家＋省＋市＋县"共4级保护体系，要求各地方和各有关部门贯彻"保护为主、抢救第一、合理利用、传承发展"的工作方针，切实做好非物质文化遗产的保护、管理和合理利用工作。

　　经国务院批准，分别于2006年、2008年、2011年、2014年、2021年命名了五批国家级非物质文化遗产名录：2006年518项，2008年510项，2011年191项，2014年153项，2021年185项，总计1557项。中国已经成为世界上拥有世界非物质文化遗产数量最多的国家。截至2020年12月，我国共有34个项目（含2个跨国联合申请项目）被列入联合国教科文组织《人类非物质文化遗产代表作名录》，7个项目被列入《急需保护的非物质文化遗产名录》，1个项目被列入《保护非物质文化遗产优秀实践名录》。

电商助农，寰宇相通；产销对接，城乡共享

新的技术带来新的进步，日新月异的电子商务已经深入田间地头，使中国的农产品在全球范围内的流通变得更加方便快捷；生产和销售对接，不管相距多远，双方都能够找到各自所需，城市和乡村共同分享新技术带来的快捷与方便。

知识条目

农村电商

农村电商即农村电子商务，指在农村地区，以服务农民需求为主要目的，以现代电子信息技术为手段的物品与服务的交换活动，是传统农村商业活动各环节的电子化、网络化、信息化。加快农村电商发展，把实体店与电商有机结合，使实体经济与互联网产生叠加效应，有利于促消费、扩内需，推动农业升级、农村发展、农民增收。

农村电商是电子商务在农村地区的具体应用，是农村地区扶贫攻坚的有力抓手。狭义上，农村电商是利用"互联网＋"信息技术在农村地区实现商品交易或服务的电子化，包括工业品下行、农产品上行、农资电商、休闲农旅电商等，广义上，农村电商还包括农村快递、物流、冷链等基础设施建设，以及农业农村信息化、电子商务培训等服务活动。

2012年，中央一号文件《关于加快推进农业科技创新持续增强农产品供给保障能力的若干意见》首次提出"充分利用现代信息技术手段，发展农产品电子商务等现代交易方式"。2013年起，"发展农村电商"成为每年中央一号文件的重要内容，2015年，国家先后出台了《关于大力发展电子商务加快培育经济新动力的意见》《关于促进农村电子商务加快发展的指导意见》和《关于印发〈推进农业电子商务发展行动计划〉的通知》等一系列重大推进政策。

为落实国家政策，2014—2020年，财政部、商务部和国务院扶贫办联合开展"电子商务进农村综合示范工作"，累计支持737个国

■从2012年开始，中央一号文件多次提出应充分利用现代信息技术手段，发展农产品电子商务等现代交易方式，农产品电子商务进入迅猛发展时期。2018年，全国农产品网络零售额2 305亿元

家级贫困县建立了农村电子商务服务体系；2016年1月，农业部印发《农业电子商务试点方案》，在10省份开展农业电子商务试点；2016年11月，国务院扶贫办等16部门联合出台《关于促进电商精准扶贫的指导意见》，依托电子商务业态，加快贫困地区脱贫攻坚进程；2019年起，农业农村部落实"互联网＋"农产品出村进城工程试点工作。由此，从中央到地方，基本完成了农村电商政策支持体系的构建。

电商平台在推动农村电商发展中起着不可替代的作用。2013年，阿里巴巴集团启动"农村淘宝"项目，推动农村电商业态加快形成。2012年，"褚橙进京"引发各大电商企业纷纷布局生鲜农产品电商，"工业品下乡"和"农产品进城"的双向流通功能开始释放。2020年，全国农产品网络零售规模超过5 000亿元。

截至2020年底，我国农村电商市场规模已近2万亿元。现阶段，在推进脱贫攻坚与乡村振兴有效衔接的过程中，农村电商依然具有巨大的发展空间，农村电商大有可为。

数字乡村

数字乡村是伴随数字化、网络化、智能化技术在农业及农村经济与社会发展中的应用，以及农民现代信息技能的提高而内生的农业农村现代化发展和转型的进程，既是乡村振兴的战略方向，也是建设数字中国的重要内容。数字乡村重点包括乡村基础设施、农村产业、乡村生态环境（绿色）、乡村文化教育、乡村治理、乡村生活服务等方面的数字化建设内容。

2018年中央一号文件明确提出，要实施数字乡村战略，做好整体规划设计，加快农村地区宽带网络和第四代移动通信网络覆盖的步伐，开发适应"三农"特点的信息技术、产品、应用和服务，推动远程医疗、远程教育等应用普及，弥合城乡数字鸿沟。2019年5月，中共中央办公厅、国务院办公厅印发了《数字乡村发展战略纲要》，指出坚持农业农村优先发展，按照产业兴旺、生态宜居、乡风文明、治理有效、生活富裕的总要求，着力发挥信息技术创新的扩散效应、信息和知识的溢出效应、数字技术释放的普惠效应，加快推进农业农村现代化。

2020年5月，中央网信办、农业农村部、国家发展改革委、工业和信息化部联合印发《关于印发〈2020年数字乡村发展工作要点〉的通知》。通知要求加快构建以知识更新、技术创新、数据驱动为一体的乡村经济发展政策体系，加快以信息化推进农业农村现代化，优化提升"三农"信息化服务水平，不断激发乡村发展内生动力和巨大潜力，持续提升农民群众获得感、幸福感、安全感。

■2017年，农业部全面启动信息进村入户工程，在每个行政村建设益农信息社，为农民群众提供公益、便利的电子商务和培训体验等服务。截至2019年8月底，全国共建成、运营益农信息社29万个，实现电子商务交易额178亿元；到2020年年底，益农信息社已覆盖全国80%以上行政村

截至2020年，数字乡村战略进一步落地实施，各地区数字乡村建设发展取得良好成效。乡村信息基础设施建设不断完善。电信基础设施全面升级，全国行政村通光纤率和4G覆盖率均超过98%；农业农村大数据建设初见成效。数据资源采集体系逐步完善，实现了"空、天、地"一体化业务应用；农业生产数字化水平不断提高。信息化技术全面赋能农业细分行业，信息化建设成效明显；乡村数字经济新业态蓬勃发展。电商进村综合示范项目取得显著进展，综合示范累计支持1 466个（次）示范县，示范地区快递乡镇覆盖率近100%；乡村治理数字化水平大幅提升。"互联网＋政务"加快向农村延伸，"互联网＋基层党建"建设全面展开，智慧乡村信息平台为乡村疫情防控提供支撑，创新互联网运用，努力克服疫情对脱贫攻坚的影响；信息服务体系建设取得成效，全国共建成运营益农信息社42.4万个，累计培训信息员106.3万人次，为农民和新型农业经营主体提供公益服务1.1亿人次，开展便民服务3.1亿人次，实现电子商务交易额342.1亿元；智慧绿色乡村建设稳步推进。深入普及互联网等数字化技术在智慧绿色乡村建设中的重要作用，促进数字乡村绿色健康发展。

■随着数字乡村建设的推进，"互联网＋"与农业农村深度融合，催生了一系列农业农村经济新业态。2017—2019年，连续举办3届全国"互联网＋"现代农业新技术和新农民创业创新博览会，推动了农村发展

举国共庆，欢声笑语；四海同歌，丰收咏唱

在丰收的节日里，举国上下共同欢庆丰收，广大农民用欢声笑语分享喜悦心情，共同咏唱丰收赞歌，感谢中国共产党。

知识条目

各地丰收节特色活动

自2018年起，将每年秋分设为中国农民丰收节。自丰收节设立以来，全国各地乡村每年举办丰收节庆活动几千场次，城乡群众共庆丰收、共享喜悦，充分展现了农业新成就、农村新面貌、农民新气象，推动形成全社会关注农业、关心农村、关爱农民的良好氛围。

截至2021年年底，中国农民丰收节已连续举办了4年，全国各地坚持农民主体、因地制宜、开放创新、节俭热烈的原则，广泛发动、下沉基层，每年举办各类丰收节活动超过千场。如首届中国农民丰收节活动总体安排是1+6+N，即1个北京主会场活动，6个各地分会场活动，全国若干系列活动，主会场设在全国农业展览馆，在主会场的这个"村庄"里，有东北的大米、山东的苹果、藏族的服饰，各地的农产品、特色产品以及农耕文化表演集中展出；在分会场之一的粮食主产省黑龙江省的绥化市，农民们以"开镰节"庆祝粮食丰收。第二个中国农民丰收节打造"庆丰收·消费季"，开展"6个千万"乡村振兴系列活动，以"我的丰收我的节"为主题，策划农民参与度高、

互动性强的庆丰收文化活动，推出了一批具有浓郁乡村特色、充满正能量、丰收主题鲜明、载体多样的优秀农民艺术作品，以及一批具有时代精神、实干兴业的优秀农民代表。第三个中国农民丰收节以"庆丰收 迎小康"为主题，组织山西、内蒙古、山东、河南、四川、陕西、甘肃、青海、宁夏等黄河流域9省区联动庆丰收、迎小康，作为国家层面的重点活动，主会场设在山西运城，举办了乡村发展国际研讨会、黄河流域特色农产品和贫困地区农产品展销活动以及乡村歌会、非遗展演、乡村传统艺术品展览等黄河流域传统农耕文化展示活动，全国各地同期举办丰收节活动6 000余场。第四个中国农民丰收节活动主题是"庆丰收 感党恩"，长江经济带11省市联动庆丰收，四川德阳、湖南长沙、浙江嘉兴分别代表长江上、中、下游，承担3个主场活动，各地也吸引众多城乡居民参与乡村旅游、农事体验等节庆活动，构建丰收节公共文化空间，推动城乡融合发展。在第四个丰收节期间，还举办了丰收节金秋消费季和乡村振兴促进法宣传活动。

中国农民丰收节自设立以来，各地不断拓展节日的载体和媒介功能，把丰收节庆活动重心进一步下沉到县乡村，根据当地农时农事特点、乡村优秀文化传统和"三农"发展实际，使丰收节活动在繁荣乡村文化、拉动乡村产业、活跃城乡市场、提升乡村治理、密切党群干群关系等方面发挥独特作用，持续打造中国乡村文化符号，农民参与更广，基层覆盖面更大，节庆内容更丰富，庆祝方式更多样，文化韵味更浓厚，充分展示了"三农"发展的巨大成就、中华农耕文化的丰富灿烂、农民群众的时代风采，对乡村振兴发挥了很好的烘托和带动作用。

■经党中央批准，自2018年起，将每年秋分设为中国农民丰收节，这是第一个在国家层面专门为农民设立的节日。图为各地农民庆祝中国农民丰收节

"一带一路"倡议

"一带"指"丝绸之路经济带"，"一路"指"21世纪海上丝绸之路"。"一带一路"是两者的合称。

"丝绸之路经济带"是2013年9月，国家主席习近平出访哈萨克斯坦时提出的。在古丝绸之路的基础上形成，横跨欧亚大陆，绵延7000多千米，地域辽阔，有丰富的自然资源、能矿资源和文化旅游资源等。中国科学院地理所提出其空间走向有3条线路，即：以亚欧大陆桥为主的北线，连接中、蒙、俄及欧洲；以石油天然气管道为主的中线，连接中亚、西亚及波斯湾、地中海；以跨国公路为主的南线，连接东南亚、南亚和印度洋。从东到西可分为东亚、中亚、西亚、中东欧和西欧5个区段。按照共商、共建、共享合作理念，以政策沟通、道路联通、贸易畅通、货币流通、民心相通为主要内容，重点推进与沿线各国发展战略对接，交通、能源、通信等基础设施互联互通，产能合作，金融监管合作，文化、科技、教育、医疗卫生等民生领域的合作。

"21世纪海上丝绸之路"是在古代海上丝绸之路的基础上建立的，为串联东盟、南亚、西亚、北非、欧洲等各大经济板块的合作经济带。秉持共商、共享、共建的合作理念，以泉州—福州—广州—海口—北海—河内—吉隆坡—雅加达—科伦坡—加尔各答—内罗毕—雅典—威尼斯为主要航线，重点推进基础设施互联互通、产业金融合作

■古代海上丝绸之路上的运输船只

和机制平台建设，加快实施自由贸易区战略，加深沿线区域经贸合作，优先发展海上互联互通，在港口航运、海洋能源、经济贸易、科技创新、生态环境、人文交通等领域，促进政策沟通、道路联通、贸易畅通、货币流通、民心相通，携手共创区域繁荣。"21世纪海上丝绸之路"重点合作方向有两个：一是从中国沿海港口过南海到印度洋并延伸至欧洲，二是从中国沿海港口经南海到南太平洋。

2015年3月28日，国家发展改革委、外交部、商务部联合发布《推动共建丝绸之路经济带和21世纪海上丝绸之路的愿景与行动》。

"一带一路"倡议，因其推动共同发展的实际效果，赢得越来越多国家的支持。截至2020年年底，中国已经与138个国家、31个国际组织签署203份共建"一带一路"合作文件，多个贸易协定从无到有，中国与多个国家发表联合声明，举办高级别国际会议，从公路到铁路，从海运到航空，从油气管线到海陆光缆，我国与"一带一路"沿线国家的陆上、海上、天上、网上"四位一体"的互联互通网络已初具规模，中欧班列开行超过1万列，极大地推动了沿线城市和国家的发展。

■柬埔寨-中国热带生态农业合作示范园

村村寨寨，彩旗招展；载歌载舞，鼓乐铿锵

每一个村寨都充满了节日的欢乐，人们敲锣打鼓，唱歌跳舞，走村串寨，长宴宾客，到处洋溢着节日喜庆。

知识条目

各民族的庆丰收活动

我国地域辽阔，民族众多，各地区各民族"丰收节"的节期和内容各不相同。农历八月十五日是汉族的中秋节、团圆节，畲族则称丰收节。畲族家家户户都要做糯米粑，欢庆丰收，并在这天祭祖。仡佬族在农历八月十五日要过迎接丰收的"八月节"，又叫"迎新谷节"。藏族的望果节是一个祈祷丰收的节日，藏语中的"望"为"田地"，"果"有"转圈"之意，在秋季谷物成熟和"鸟王"（大雁）南飞之前选吉日进行。此外，还有贵州苗族山区的诺格利节、湖南苗族的罢谷节、彝族的火把节、门巴族的雀可节、珞巴族的昂德林节、哈尼族的车实扎节等。

梧雨乡愁，田园思归；新朋旧友，到访农庄

　　市民在城市中生活久了，往往有向往乡村的情结，期待在田园中漫步，享受自由与清新。闲暇假日，带着家人和朋友，回归乡村，在农家乐、新民宿、乡村游活动中回味乡愁，感受新农村的发展与变化。

　　梧雨乡愁　出自明代魏时敏《和王文伟》："还思为客处，梧雨滴乡愁。"

知识条目

休闲农业

　　休闲农业是以农业生产、农村风貌、农家生活、乡村文化为基础，开发农业与农村多种功能，提供休闲观光、农事参与和农家体验

■1986年10月，中国第一家农家乐在四川省成都市郫县（今郫都区）诞生，此后，以农家乐为代表的休闲农业、乡村旅游蓬勃发展

■黑龙江垦区友谊农场第五管理区万亩良田是北大荒文化旅游网红打卡地，目前游客已超10万人次。北大荒股份友谊分公司将休闲观光旅游与党史学习教育有机结合，以中国第一位女拖拉机手梁军为原型，在万亩良田上打造稻田画景观（徐宏宇 摄）

等服务的新型农业产业形态，包括农家乐、休闲农园、休闲农庄、休闲乡村等。

国外休闲农业起源于19世纪的欧洲，发展至今，已经形成了较为完善的发展理论和发展模式，许多发达国家将休闲农业作为发展农村经济、平衡城乡水平的重要手段进行扶持。中国休闲农业始于20世纪80年代，四川省郫县探索以吃农家饭、住农家院、摘农家果为主要消费特征的农家乐，带动各地积极发展农家乐、牧家乐、林家乐，奠定了农村休闲产业发展的基础。2000年以来，湖南省等各地工商资本依托农业农村资源，大力发展以参观农事景观、品味农耕文化、参与农事体验为主要消费特征的休闲农庄（园），带动各地工商资本投资农村休闲产业。2010年以来，江浙等地的经营主体积极践行"绿水青山就是金山银山"理念，借鉴日本和我国台湾地区差异化、精致化发展模式，以创意为核心，积极打造功能齐全、创意丰富、服务优异、环境优良的休闲乡村、田园综合体和休闲小镇，满足消费者多样化休闲需求，引领农村休闲产业高质量发展。

目前，休闲农业已成为促进农村一二三产业融合发展、带动农民就业增收、满足城乡居民美好生活向往的重要民生产业。2019年，全国休闲农庄、观光农园等各类休闲农业经营主体达30多万家，乡村休闲旅游接待游客约32亿人次，营业收入达8 500亿元，已成为城乡居民游"绿水青山"、寻"快乐老家"、忆"游子乡愁"的重要场所。

乡村旅游

乡村旅游是旅游活动中的一种，它是依托乡村地区特有的自然景观资源、田园风光、深厚浓郁的民俗风情以及传统的历史文化，为满足消费者回归自然、体验乡村生活的需求，集休闲、观光、采摘、认知、娱乐、体验为一体的新型乡村旅游。乡村旅游拥有丰富的旅游资源，包括自然景观、田园风光等自然旅游资源，还包括乡村餐饮住宿、古村落、农事活动、深厚浓郁的民俗风情以及传统的历史文化等

■农业农村独特的景观和体验吸引了很多游客，给当地村民创造了就业机会，为乡村经济的发展注入新的活力

人文旅游资源。游客可以在假期和假期以外的时间选择乡村旅游，不仅可以进行观光采摘，还能够亲自参与体验农事活动，购买具有乡村特色的农产品。乡村旅游是一种新型的旅游活动，并具有多种特点。乡村旅游将农业与旅游业有效地结合到一起，是发展农村经济的有效手段，不仅给当地居民创造了就业机会，而且可以增加当地的财政收入，为乡村经济的发展注入新的活力。

近年来，中央与地方协同联动，出台了多项促进乡村旅游发展的政策举措，如《全国乡村旅游扶贫工程行动方案》(2016)、《促进乡村旅游发展提质升级行动方案》(2017)、《促进乡村旅游发展提质升级行动方案（2018—2020年)》及《关于促进乡村旅游可持续发展的指导意见》(2018) 等，充分释放了国家大力并长期支持乡村旅游高质量健康发展的政策信号。乡村旅游是具有增长潜力的新型业态，是扩大农民就业、增加农民收入的"富民工程"。

乡愁

乡愁是人类特有的文化现象，对故土的眷恋程度，中国人表现得尤甚。经历漫长的农耕文明，中国文化更强调"安土重迁"和"落叶归根"。"故乡"两个字蕴含着中华民族五千年的文化情结和羁绊，折射到文学作品，就是乡愁。"乡愁"是我国文学的一大母题，很多游子归客曾将乡愁写入诗中。如陶渊明的"羁鸟恋旧林，池鱼思故渊"，曹操的"狐死归首丘，故乡安可忘"，贺知章的"少小离家老大回，乡音无改鬓毛衰"，崔颢的"日暮乡关何处是，烟波江上使人愁"，王维的"独在异乡为异客，每逢佳节倍思亲"等。乡愁诗独具的审美意义和文化价值，契合了民族共同的情感心理。

关于乡愁的缘由，《汉书》记载，"安土重迁，黎民之性；骨肉相附，人情所愿也"，认为安于故土，是百姓的本性，亲人相聚是人们的愿望。土地对农耕民族至为重要，人们世代生活在一片土地上，久而久之，就对这片土地产生了深深的眷恋。同时，费孝通在《乡土中国》中写道：农业和游牧或工业不同，它是直接取资于土地的。游牧的人可以逐水草而居，飘忽无定；做工业的人可以择地而居，迁移无碍；而种地的人却搬不动地，长在土里的庄稼行动不得，侍候庄稼的老农也因之像是半身插入了土里，土气是因为不流动而发生的。以农为生的人，世代定居是常态，迁移是变态。因此，独特的乡土社会诞生了中华民族独特的乡愁文化。

乡愁的另一头是故乡，是记忆，是山水，也是对美好生活的向往。"让居民望得见山、看得见水、记得住乡愁。"乡愁成为中国人增强文化自信、增强归属感的重要文化和情感符号。乡愁，是现代人的一种羁绊，更是精神的家园。

■推动农业绿色发展，建设美丽乡村

神州大地，气象万千；谁最荣光，数咱老乡

新的时代，新的气象，在祖国广袤的大地上，呈现出翻天覆地的巨大变化。农民是中国人口的最大多数，是中国共产党执政的基础，广大农民在革命、建设、改革等历史时期都作出了重大贡献。在中国农民丰收节这个特殊的节日里，他们是最光荣、最快乐的一个群体。

知识条目

工业反哺农业　城市支持农村

工业反哺农业是工业化进程中经济发展的一般规律，这一规律也被世界经济发展的实践所证实。一般一个国家在其工业化初期，需要农业为工业化提供原始积累，当逐渐步入工业化的中后期，工业化进程得到进一步提升，能力也进一步提高，工业反哺农业的实力日益增强，实施工业反哺农业的政策便水到渠成。

工农关系、城乡关系历来是党治国理政需要处理好的重大问题。新中国成立后，我国长期处于先工后农、工业和城市优先发展的政策，汲取农业剩余发展工业，农业为工业提供原始积累，农村的廉价产品、廉价劳动力、廉价土地为工业化和城市化发展作出了巨大贡献。改革开放后，家庭联产承包责任制有效解决了吃饭问题，农民收入也有所增加，但城乡矛盾依旧突出，1985年城乡居民收入比为1.86：1，到

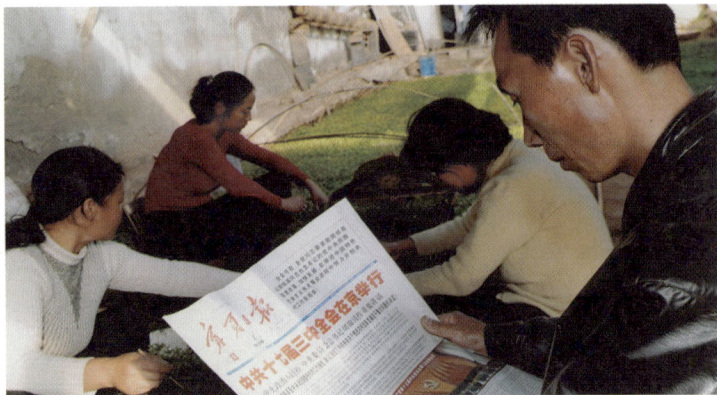

■2008年10月，党的十七届三中全会审议通过了《关于推进农村改革
发展若干重大问题的决定》。文件提出坚持工业反哺农业、城市支持
农村和多予少取放活方针，创新体制机制，加强农业基础，增加农
民收入，保障农民权益，促进农村和谐

2002年扩大为3.11：1。尽管在21世纪初提出了"以工补农，以城带
乡"方针，调整失衡的工农城乡关系，但长期形成的城乡二元结构没
有根本松动，机制体制障碍没有根本消除，"十二五"初期城乡居民收
入比仍高于3：1，随着工业化、城镇化的加快推进，问题依然突出。

　　党的十六大以后，党和国家从全面建设小康社会的需要出发统
筹城乡发展，出台一系列重要政策和举措。2002年11月召开的党的
十六大首次提出"统筹城乡经济社会发展，建设现代农业，发展农村
经济，增加农民收入，是全面建设小康社会的重大任务"。2003年10
月，党的十六届三中全会将统筹城乡发展放在科学发展观的重要位
置，要求"建立有利于逐步改变城乡二元经济结构的体制"。2004年
9月，党的十六届四中全会基于工业化国际经验的分析，明确提出了
"两个趋向"重要论断，强调我国在总体上已进入以工促农、以城带
乡的发展阶段，必须统筹城乡经济社会发展，坚持"多予、少取、放
活"的方针。2007年10月，党的十七大要求"形成城乡经济社会发

展一体化新格局"。2008年10月，党的十七届三中全会进一步强调，"我国总体上已进入以工促农、以城带乡的发展阶段，进入加快改造传统农业、走中国特色农业现代化道路的关键时刻，进入着力破除城乡二元结构、形成城乡经济社会发展一体化新格局的重要时期"，要"坚持工业反哺农业、城市支持农村和多予少取放活方针""建立促进城乡经济社会发展一体化制度"，还作出了"积极推进统筹城乡综合配套改革试验"等具体部署，以全面取消农业税、对农民实行直接补贴为标志的城乡统筹发展，扭转了城乡差距加速扩大的势头。

党的十八大以来，党中央全面部署、系统推进农村改革。2015年4月30日，中共中央政治局就健全城乡发展一体化体制机制进行第22次集体学习。中共中央总书记习近平强调，当前，我国经济实力和综合国力显著增强，具备了支撑城乡发展一体化的物质技术条件，到了工业反哺农业、城市支持农村的发展阶段。顺应我国发展的新特征、新要求，必须加强发挥制度优势，加强体制机制建设，把工业反哺农业、城市支持农村作为一项长期坚持的方针，坚持和完善实践证明行之有效的强农惠农富农政策，动员社会各方面力量加大对"三农"的支持力度，努力形成城乡发展一体化新格局。

2020年9月，中共中央办公厅、国务院办公厅印发了《关于调整完善土地出让收入使用范围优先支持乡村振兴的意见》，文件强调，坚持农业农村优先发展，按照"取之于农、主要用之于农"的要求，调整土地出让收益城乡分配格局，集中支持乡村振兴重点任务，加快补上"三农"发展短板，为实施乡村振兴战略提供有力支撑。

"十三五"期间，农民收入水平大幅提高，2020年农村居民人均可支配收入达到17 131元，较2010年翻一番多。城乡居民收入差距缩小到2.56∶1。

乡村振兴·梦

从追求温饱到全面小康，再到共同富裕，在民族复兴的中国梦里，有一份属于农民的幸福梦。实现中国梦，基础在"三农"。没有农业现代化，没有农村繁荣富强，没有农民安居乐业，国家现代化是不完整、不全面、不牢固的。

2021年2月25日，在全国脱贫攻坚总结表彰大会上，习近平总书记庄严宣告：经过全党全国各族人民共同努力，在迎来中国共产党成立一百周年的重要时刻，我国脱贫攻坚战取得了全面胜利，现行标准下9 899万农村贫困人口全部脱贫，832个贫困县全部摘帽，12.8万个贫困村全部出列，区域性整体贫困得到解决，完成了消除绝对贫困的艰巨任务，创造了又一个彪炳史册的人间奇迹！这是中国人民的伟大光荣，是中国共产党的伟大光荣，是中华民族的伟大光荣！

千年脱贫梦，百年奋斗史，今日终得圆！人民群众在迈向中国梦的道路上又前进了一步。

习近平总书记还讲，脱贫摘帽不是终点，而是新生活、新奋斗的起点。脱贫攻坚取得全面胜利之后，"三农"工作重心历史性转移到乡村全面振兴。这是我们党的下一个目标，是广大农民的下一个梦想。

　　民族要复兴，乡村必振兴。逐步解决发展不平衡不充分问题，缩小城乡发展差距，将成为全面建设现代化强国的历史任务和显著特征。全面推进乡村振兴，是今后一段时间发展的主旋律。全面推进乡村产业振兴、人才振兴、文化振兴、生态振兴和组织振兴，将开启中国"三农"发展的新篇章。

　　中国共产党已走过了百年，我们有百年奋斗积累的宝贵经验，有亿万农民昂扬的探索精神，更有以习近平同志为核心的党中央的坚强领导。这一刻，乡村振兴的号角如此嘹亮，大国"三农"已开启现代化的磅礴转型，为民族复兴积蓄着雄浑力量；这一刻，梦想离我们如此之近。

三农发展，重中之重；民族复兴，时代梦想

2017年10月，党的十九大报告指出，"三农"问题是关系国计民生的根本性问题，必须始终把解决好"三农"问题作为全党工作的重中之重。

中华民族伟大复兴，是14亿中国人民的共同梦想。全面建成小康社会是中华民族伟大复兴征程上的一座重要里程碑，将是中国人民为人类文明发展作出的重大贡献。

知识条目

把解决好"三农"问题作为全党工作的重中之重

国以民为本，民以食为天。这是在中华文明几千年传承中不断积累凝练出的关于国家治理的基本经验。回顾中国共产党的百年历程，虽然在不同发展阶段，党的工作重心有不同侧重，但"三农"问题一直都是党的工作的重要内容。随着改革开放后经济社会的飞速发展，工业化、城镇化加速推进，农业在国民经济中所占份额不断下降，城市对资源要素的吸附效应越发明显，社会上开始出现"忽视农业、忘记农民、淡漠农村"的倾向，工农城乡关系问题日渐凸显。针对这一问题，党中央提出，"把解决好农业、农村和农民问题作为全党工作的重中之重"。这是我们党在"三农"理论认识上的重大飞跃，"重中之重"从此成为贯穿于新世纪整个工业化、城镇化进程的重大战略部

署和指导思想。

　　党的十八大以来，以习近平同志为核心的党中央高度重视"三农"，习近平总书记针对"三农"工作作出了一系列重要论述，明确指出"把解决好'三农'问题作为全党工作重中之重，是我们党执政兴国的重要经验，必须长期坚持、毫不动摇"；明确要求各级党委加强对"三农"工作的领导，各级领导干部都要重视"三农"工作。正是在这些思想的指引下，我们党不断推进"三农"工作理论创新、实践创新、制度创新，推动农业农村发展取得了历史性成就、发生历史性变革。

■一年一度的中央农村工作会议是党中央安排部署农村工作的最高工作会议。党的十八大以来，习近平总书记先后出席2013年、2017年和2020年年底召开的中央农村工作会议，并发表了重要讲话

中国梦

人民有梦想，国家有力量。

2012年11月29日，习近平总书记在参观"复兴之路"展览讲话时指出，"每个人都有理想和追求，都有自己的梦想。现在，大家都在讨论中国梦，我以为，实现中华民族伟大复兴，就是中华民族近代以来最伟大的梦想。这个梦想，凝聚了几代中国人的夙愿，体现了中华民族和中国人民的整体利益，是每一个中华儿女的共同期盼"。这是习近平总书记首次提出中国梦。此后，无论在国内还是在国际场合，习近平都反复阐释中国梦。2017年10月18日，习近平总书记在十九大报告中指出，实现中华民族伟大复兴，就是中华民族近代以来最伟大的梦想。梦想，是一切奋斗的起点。一个有梦想、肯奋斗的民族，是不可战胜的。

■奔向中国梦

民族要复兴，乡村必振兴

2020年12月，在中央农村工作会议上，习近平总书记强调，从中华民族伟大复兴战略全局看，民族要复兴，乡村必振兴。从世界百年未有之大变局看，稳住农业基本盘、守好"三农"基础是应变局、开新局的"压舱石"。构建新发展格局，把战略基点放在扩大内需上，农村有巨大空间，可以大有作为。

2021年中央一号文件指出，民族要复兴，乡村必振兴。全面建设社会主义现代化国家，实现中华民族伟大复兴，最艰巨最繁重的任务依然在农村，最广泛最深厚的基础依然在农村。解决好发展不平衡不充分问题，重点难点在"三农"，迫切需要补齐农业农村短板弱项，推动城乡协调发展；构建新发展格局，潜力后劲在"三农"，迫切需要扩大农村需求，畅通城乡经济循环；应对国内外各种风险挑战，基础支撑在"三农"，迫切需要稳住农业基本盘，守好"三农"基础。党中央认为，新发展阶段"三农"工作依然极端重要，须臾不可放松，务必抓紧抓实。要坚持把解决好"三农"问题作为全党工作重中之重，把全面推进乡村振兴作为实现中华民族伟大复兴的一项重大任务，举全党全社会之力，坚持农业农村优先发展，加快农业农村现代化，让广大农民过上更加美好的生活。

这是坚持用大历史观来全面看待和深刻理解"三农"问题，指出了全面建设社会主义现代化国家和实现中华民族伟大复兴的战略重点和难点，最艰巨最繁重的任务、最广泛最深厚的基础都"依然在农村"。

城乡差距，发展短板；农村滞后，竹萧心上

中国的城乡发展不平衡已经成为制约经济均衡发展的短板。农村发展滞后，基础设施落后，人民生活水平不高的矛盾仍然比较突出，特别是老少边穷地区还有数量不少的农村贫困人口，农民的疾苦我们必须时刻记挂在心上。

竹萧心上 语出清代郑板桥《墨竹图题诗》："衙斋卧听萧萧竹，疑是民间疾苦声。"

知识条目

城乡差距

马克思曾提出"三大差别"的论断，即工农差别、城乡差别以及脑力劳动与体力劳动的差别。作为"三大差别"之一，在我国，城乡差别尤为突出。

城乡差距是每个国家在发展过程中都必须重视的问题之一，也是新中国经济社会发展和改革过程中的重要关注点之一，其实质是城乡发展的不平衡不充分，核心是农业农村的发展存在明显短板和弱项。

从新中国成立到改革开放前，在城市化和重工业优先发展的战略安排下，国家通过政策和制度，以统购统销和工农业产品价格"剪刀差"的方式，将资本从农业转向工业，从农村转向城市，加之城乡二

元结构，使我国的城乡差距在新中国成立前的基础上逐步固化。改革开放后，由于国家继续实施偏重城市的发展战略，一系列城镇市场化改革政策让城乡差距出现加剧扩大的趋势。2003年以后，特别是党的十八大以来，在习近平新时代中国特色社会主义思想的指导下，随着脱贫攻坚、新型城镇化以及乡村振兴战略等一系列战略举措的提出与实施，城乡差距正在逐渐缩小。1949年，我国农业人口占总人口的82.6%，农业总产值占工农业总产值的70%。2020年，我国常住人口城镇化率已经达到64%，农民人均纯收入达到17 131元，农村居民恩格尔系数从1954年的68.6%降到32.7%。农村义务教育全面普及，城乡基本养老、居民基本医疗保险全覆盖，人均预期寿命由1949年的35岁提高到77岁。

当前我国城乡差距主要表现在城乡居民收入、教育、医疗、消费、就业、政府公共投入等方面。为进一步缩小城乡差距，党中央坚持农业农村优先发展的方针，全面推进乡村振兴战略，大力实施乡村建设行动，明确要求公共财政向农村倾斜，继续把公共基础设施建设的重点放在农村，在推进城乡基本公共服务均等化上持续发力，注重加强普惠性、兜底性、基础性民生建设，尽快补上农业农村发展中的短板和弱项。

"三下乡"活动

"三下乡"是指文化下乡、科技下乡以及卫生下乡。"三下乡"社会实践活动，是由中共中央宣传部、农业部、文化部、教育部等多部委，于20世纪90年代推动开展的乡村建设工程。1996年12月，中央宣传部、国家科委、农业部、文化部等十部委联合下发《关于开展文化科技卫生"三下乡"活动的通知》。1997年,"三下乡"活动在全国正式开展。

文化科技卫生"三下乡"是服务基层、服务"三农"的重要惠民活动,在促进农村经济社会发展等方面发挥了积极作用。该活动的主要特征可被概括为三个方面。其一,是通过下乡活动带动乡村建设。其二,是由城市向乡村输出资源。其三,是以服务带动宣传。

近年来,中央宣传部会同中央文明办、国家发展改革委、教育部、科技部、司法部、农业农村部等部门,充分发挥文化科技卫生"三下乡"活动品牌效应和示范功能,动员社会各方力量积极参与新时代"三农"工作,广泛开展理论宣讲、政策解读、医疗义诊、法律咨询等现场服务,开展医疗讲座、农技推广、免费赠书等培训,活动内容丰富,形式多样,引导农民群众自觉把个人幸福与国家发展、民族梦想联系起来,诚实劳动、不懈奋斗,用自己的双手创造美好生活。同时,该活动对调动广大农民群众的积极性、主动性、创造性,推动乡村振兴战略全面实施、加快推进农业农村现代化等具有重要意义。

■2018年"三下乡"活动在河南光山举行

脱贫攻坚，不落一人；优先发展，鼓励农桑

2015年，习近平总书记吹响脱贫攻坚战的冲锋号。我们立下愚公移山志，咬定目标、苦干实干，坚决打赢脱贫攻坚战，确保到2020年所有贫困地区和贫困人口一道迈入全面小康社会，决不能落下一个贫困地区、一个贫困群众。党对"三农"工作的领导，坚持农业农村优先发展，鼓励农民返乡务农，发展壮大乡村产业，拓宽农民增收渠道。

农桑 泛指农业及相应的手工业、养殖业等。

知识条目

脱贫攻坚战

贫困是人类社会的顽疾。中国共产党成立后，带领中国人民同贫困作持久而坚决的斗争。新民主主义革命的胜利为摆脱贫困、改善人民生活创造了根本政治条件。新中国成立后，通过水利、道路等基础设施建设和教育、医疗等农村公共资源的大规模供给，有效改善了农村生产生活条件，促进了农村经济发展和人民生活水平提高，缓解了当时的极端贫困状况，为后续的持续减贫准备了比较充足的人力资源和物质资本。

然而，由于新中国底子薄、发展时间短，以及早期探索中的失误和曲折等因素，直到改革开放前农村人口的贫困状况还较为突出，

1978年，我国农村居民人均纯收入133.6元，农村绝对贫困人口有2.5亿，还有1亿多农民的温饱问题尚未解决。1986年，国务院成立专门的扶贫工作机构，实施有组织、有计划、大规模的扶贫开发工作，1994年部署实施《国家八七扶贫攻坚计划》，2001年和2011年分别制定了两个跨越10年的《中国农村扶贫开发纲要》，有效缓解了经济增长中贫困人口受益不足问题，为贫困地区的可持续发展奠定了基础，共同构成了中国特色开发扶贫模式的基本特征。

2012年11月，党的十八大胜利召开，而直到此时，中国仍然有约1亿农村人口处于贫困之中，而且都是贫中之贫、坚中之坚，减贫进入啃硬骨头、攻坚拔寨的冲刺阶段。以习近平同志为核心的党中央把消除绝对贫困作为全面小康的底线任务，2012年年底，习近平总书记到河北阜平考察扶贫开发工作，党中央作出"决不能落下一个贫困地区、一个贫困群众"的庄严承诺，新时代脱贫攻坚的序幕由此拉开。2013年，党中央提出精准扶贫理念，创新扶贫工作机制。

■脱贫后的十八洞村农民在打糍粑，过苗年。2013年11月，习近平总书记在该村考察，首次提出实施精准扶贫

2015年，党中央召开扶贫开发工作会议，颁布《关于打赢脱贫攻坚战的决定》，提出"坚持三个施策、解决好四个问题、实施五个一批工程、做到六个精准"，发出打赢脱贫攻坚战的总攻令。2017年，党的十九大把精准脱贫作为三大攻坚战之一进行全面部署，锚定全面建成小康社会目标，聚力攻克深度贫困堡垒，决战决胜脱贫攻坚。2020年，面对新冠肺炎疫情和特大洪涝灾情带来的影响，党中央要求全党全国以更大的决心、更强的力度，做好"加试题"、打好收官战，信心百倍向着脱贫攻坚的最后胜利进军。

习近平总书记始终关心扶贫工作，他强调："40多年来，我先后在中国县、市、省、中央工作，扶贫始终是我工作的一个重要内容，我花的精力最多。"打响脱贫攻坚战以来，中西部22个省份党政主要负责同志向中央签署责任书、立下"军令状"，300多万名第一书记和驻村干部同近200万名乡镇干部和数百万村干部一起奋斗在扶贫一线，各级财政专项扶贫资金8年累计投入近1.6万亿元，形成了五级书记抓扶贫、全党动员促攻坚的局面。广大贫困群众跟着共产党，艰苦奋斗、苦干实干。在全党全国人民共同努力下，最终完成了消除绝对贫困的历史性任务，补上了全面建成小康社会面临的最大短板。2021年2月25日，习近平总书记在全国脱贫攻坚总结表彰大会上庄严宣告：经过全党全国各族人民共同努力，在迎来中国共产党成立100周年的重要时刻，我国脱贫攻坚战取得了全面胜利，现行标准下9 899万农村贫困人口全部脱贫，832个贫困县全部摘帽，12.8万个贫困村全部出列，区域性整体贫困得到解决，完成了消除绝对贫困的艰巨任务，创造了又一个彪炳史册的人间奇迹！

脱贫攻坚战的全面胜利，对中国农村的改变是历史性的、全方位的，是中国农村的又一次伟大革命，深刻改变了贫困地区落后面貌，特别是少数民族地区、边疆地区的贫困人口真正享受到了改革开放的发展成果，实现了一次新的历史性跨越。脱贫攻坚锻造形成了"上下同心、尽锐出战、精准务实、开拓创新、攻坚克难、不负人民"的脱贫攻坚精神。2021年9月，党中央批准了中央宣传部梳理的第一批纳入中国共产党人精神谱系的伟大精神，脱贫攻坚精神被纳入。

精准扶贫

党中央历来高度重视扶贫开发，先后实施了《国家八七扶贫攻坚计划》和"两个十年"农村扶贫开发纲要，率先实现了贫困人口减半的联合国千年发展目标。党的十八大以来，以习近平同志为核心的党中央，全面打响脱贫攻坚战，确定精准扶贫方略，出台一系列有力政策举措，扶贫开发进入精准扶贫新阶段。

2013年11月，习近平到湖南省花垣县十八洞村考察时，首次提出实事求是、因地制宜、分类指导、精准扶贫的方针。2014年，党中央相继出台一系列精准扶贫政策性文件，建立工作机制，搭建全国统一扶贫信息化平台。2015年11月，中共中央、国务院印发《关于打赢脱贫攻坚战的决定》，明确把精准扶贫、精准脱贫作为基本方略，确保2020年我国现行标准下农村贫困人口全部脱贫，贫困县全部摘帽。

脱贫攻坚贵在精准、重在精准，成败之举在于精准。精准扶贫要做到六个精准，即扶贫对象精准、项目安排精准、资金使用精准、措施到户精准、因村派人精准、脱贫成效精准。实施"五个一批"，即发展生产脱贫一批、易地扶贫搬迁脱贫一批、生态补偿脱贫一批、发展教育脱贫一批、社会保障兜底一批。解决"五个问题"，即扶持谁、谁来扶、怎么扶、如何退、如何稳。

习近平总书记的精准扶贫战略思想

2013年11月	习近平首次基础精准扶贫思想
2014年1月	中办详细规划精准扶贫顶层设计
2014年3月	习近平在全国两会上详细阐述精准扶贫思想
2015年1月	习近平在云南调研时强调，通过扶贫加快民族地区发展
2015年6月	习近平在贵州调研时强调，扶贫贵在精准，重在精准，成败之举在于精准
2015年10月16日	习近平在减贫与发展高层论坛上强调，扶贫要做到"六个精准"，广泛动员全社会力量参与扶贫

■习近平总书记精准扶贫战略思想

产业扶贫

贫困的类型和原因千差万别，开对"药方子"才能拔掉"穷根子"。2013年，党中央提出精准扶贫理念。通过创新扶贫工作机制，注重针对不同情况分类施策、对症下药，因人因地施策，因贫困原因施策，因贫困类型施策，最终实现精准扶贫。在众多扶贫措施中，发展产业是脱贫致富最直接、最有效的办法，也是中国特色扶贫开发模式的重要特点。

2015年11月，党中央召开扶贫开发工作会议，提出实现脱贫攻坚目标的总体要求，实行"六个精准"和"五个一批"，发出打赢脱贫攻坚战的总攻令。"发展生产脱贫一批"摆在了脱贫攻坚"五个一批"的首位。习近平总书记强调，发展产业是实现稳定脱贫的根本之策，也是增强贫困地区造血功能、帮助贫困群众就地就业的长远之计。农业部会同国务院扶贫办等部门认真落实中央部署，迅速出台贫困地区发展特色产业促进精准脱贫意见、实施产业扶贫三年攻坚行动意见等文件，明确了扎实推进产业扶贫工作的总体思路、目标任务和主要举措。

五年多脱贫攻坚战的成功实践显示，产业扶贫取得了显著的效果。产业帮扶政策覆盖98.9%的贫困户，有劳动能力和意愿的贫困群众基本都参与到产业扶贫之中。通过支持和引导贫困地区因地制宜发展特色产业，一大批特色优势产业初具规模，增强了贫困地区经济发展动能。累计建成各类产业基地超过30万个，打造特色农产品品牌1.2万个，形成了特色鲜明、带贫面广的扶贫主导产业。发展市级以上龙头企业1.44万家、农民合作社71.9万家，72.6%的贫困户与新型农业经营主体建立了紧密型的利益联结关系。在产业扶贫的有力支撑下，建档立卡贫困人口人均纯收入由2015年的2 982元，增加到2020年的10 740元，年均增长29.2%。产业扶贫成为覆盖面最广、带动人口最多、可持续性最强的扶贫举措。

重庆市南川区长坪村贫困户在畔园猕猴桃合作社包装猕猴桃

湖北竹山县聚焦食用菌产业扶贫，引导贫困户致富增收

■近年来，全国实施了98万个扶贫产业项目，累计建成各位扶贫产业基地10万多个，贫困县整合使用财政涉农资金超过8 200亿元。2018年全国脱贫的475万贫困户中，得到产业扶贫帮扶的占比达到74.2%

农业农村优先发展

党的十九大报告明确提出实施乡村振兴战略，坚持农业农村优先发展。2019年，中央一号文件《坚持农业农村优先发展做好"三农"工作的若干意见》进一步明确，坚持农业农村优先发展总方针。这一重大战略思想，是党中央着眼"两个一百年"奋斗目标导向和农业农村短腿短板的问题导向作出的战略安排，表明在全面建设社会主义现代化国家的新征程中，要始终坚持把解决好"三农"问题作为全党工作的重中之重，真正摆上优先位置。

现阶段，城乡发展不平衡、农村发展不充分仍是社会主要矛盾的主要体现，农业农村仍是社会主义现代化建设的突出短板。与快速推进的工业化、城镇化相比，农业农村发展步伐还跟不上，城乡要素交换不平等，基础设施和公共服务差距明显，"一条腿长、一条腿短"的问题比较突出。解决"短腿、短板"问题，必须把农业农村发展放在优先位置。

■农民购买农机获得国家补贴

　　坚持农业农村优先发展，重要的是坚持"四个优先"，即在干部配备上优先考虑，在要素配置上优先满足，在资金投入上优先保障，在公共服务上优先安排。贯彻农业农村优先发展指导思想，需要牢固树立农业农村优先发展的政策导向，进一步调整、理顺工农城乡关系。坚持干部配备优先考虑，注重选拔、培育懂农业、爱农村、爱农民的干部，把优秀干部和精锐力量充实到乡村振兴一线。坚持要素配置优先满足，推进城乡要素自由流动、平等交换、市场化配置，改变农村要素单向流出格局。坚持资金投入优先保障，公共财政更大力度向"三农"倾斜，金融更大力度服务乡村振兴。坚持公共服务优先安排，推进城乡基本公共服务标准统一、制度并轨，实现从形式上的普惠向实质上的公平转变。

乡村振兴，惟新惟高；重大战略，时代激荡

乡村振兴是新时代解决"三农"问题的总抓手，其中产业兴旺是实现乡村振兴的基石，生态宜居是提高乡村发展质量的保证，乡风文明是乡村建设的灵魂，治理有效是乡村善治的核心，生活富裕是乡村振兴的目标，我们要以创新的理念和至高的标准做好乡村振兴工作。

知识条目

乡村振兴战略

乡村是具有自然、社会、经济特征的地域综合体，兼具生产、生活、生态、文化等多重功能，与城镇互促互进、共生共存，共同构成人类活动的主要空间。长期以来，在城乡二元体制的现实国情下，广大乡村为工业化、城镇化和现代化的快速发展作出了巨大贡献，但自身发展明显落后，水、电、路、气、房等基础设施，教育医疗养老等基本公共服务，人才信息资本等基础要素都存在明显短板，农业农村基础差、底子薄、发展滞后的状况尚未根本改变，成为新时代社会主要矛盾中表现最突出的部分，现代化建设中最薄弱的环节，我国经济社会发展中最明显的短板。民族要复兴，乡村必振兴。如果没有广大乡村的高质量发展，全面建设社会主义现代化强国就失去了有力支撑，中华民族伟大复兴就失去了坚实支撑。在朝

■ 2017年10月，党的十九大报告首次提出实施乡村振兴战略，坚持农业农村优先发展，按照产业兴旺、生态宜居、乡风文明、治理有效、生活富裕的总要求，建立健全城乡融合发展体制机制和政策体系，加快推进农业农村现代化

向全面建设社会主义现代化强国、实现第二个百年奋斗目标的过程中，最艰巨最繁重的任务在农村，最广泛最深厚的基础在农村，最大的潜力和后劲也在农村。

针对这些现实情况和问题，2017年10月，党的十九大提出实施乡村振兴战略。在2017年年底的中央农村工作会议上，习近平总书记系统阐释了走中国特色社会主义乡村振兴道路，提出坚持走城乡融合发展之路、共同富裕之路、质量兴农之路、乡村绿色发展之路、乡村文化兴盛之路、乡村善治之路和中国特色减贫之路。2018年全国两会期间参加山东代表团审议时，习近平总书记强调要推动乡村产业振兴、人才振兴、文化振兴、生态振兴、组织振兴。2018年9月，在主持中央政治局第八次集体学习时，习近平总书记再次对实施乡村振兴战略进行系统阐述，明确提出了实施乡村振兴战略的总目标、总方针、总要求和制度保障。2019年，党中央制定了《中国共产党农村工作条例》。2020年，党的十九届五中全会提出全面推进乡村振兴，加快农业农村现代化。2020年年底，习近平总书记在中央农村工作会议上强调，脱贫攻坚取得胜利后，要全面推进乡村振兴，这是"三农"工作重心的历史性转移。与此同时，中共中央连续发布4个中央一号文件对实施乡村振兴战略进行系统部署，党中央、国务院先后印发《乡村振兴战略规划（2018—2022年)》《关于实现巩固拓展脱贫攻坚成果同乡村振兴有效衔接的意见》等文件做出具体安排。2021年4月29日，十三届全国人大常委会第二十八次会议表决通过《中华人民共和国乡村振兴促进法》，标志着推进乡村振兴战略的"四梁八柱"基本建立，乡村振兴成为新时代"三农"工作的总抓手。

实施乡村振兴战略，总目标是农业农村现代化，总方针是坚持农业农村优先发展，总要求是产业兴旺、生态宜居、乡风文明、治理有效、生活富裕，制度保障是建立健全城乡融合发展体制机制和政策体系，统筹推进农村经济建设、政治建设、文化建设、社会建设、生态文明建设和党的建设，加快推进乡村治理体系和治理能力现代化，走中国特色社会主义乡村振兴道路，促进农业高质高效、乡村宜居宜业、农民富裕富足。

农业农村现代化

党的十九大首次提出"加快推进农业农村现代化"。党的十九届五中全会进一步强调，优先发展农业农村，全面推进乡村振兴，加快农业农村现代化。

习近平总书记围绕农业农村现代化发表过一系列重要论述。2018年，在中央政治局第八次集体学习会上，习近平总书记指出，"没有农业农村现代化，就没有整个国家现代化"，"新时代'三农'工作必须围绕农业农村现代化这个目标来推进"，"农村现代化既包括'物'的现代化，也包括'人'的现代化，还包括乡村治理体系和治理能力的现代化。我

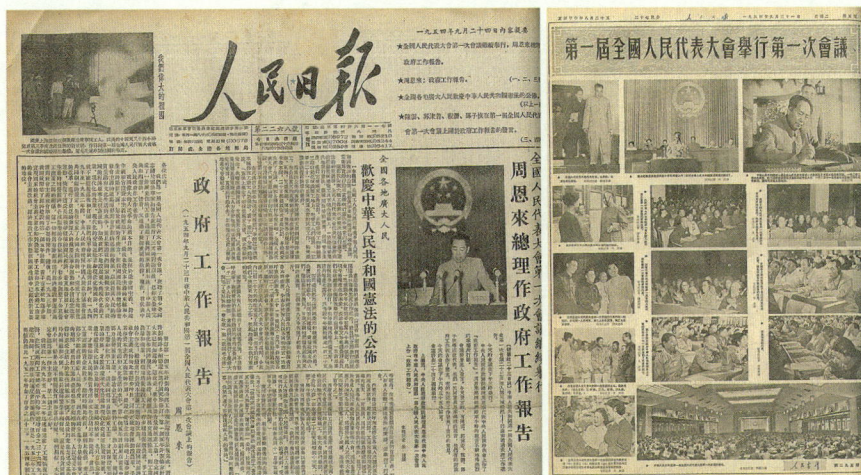

■1954年9月，周恩来总理在第一届全国人大第一次会议上首次提出建设"现代化的农业"

们要坚持农业现代化和农村现代化一体设计、一并推进，实现农业大国向农业强国跨越。"在2020年年底的中央农村工作会议上，习近平总书记进一步指出，全党务必充分认识新发展阶段做好"三农"工作的重要性和紧迫性，坚持把解决好"三农"问题作为全党工作重中之重，举全党全社会之力推动乡村振兴，促进农业高质高效、乡村宜居宜业、农民富裕富足。

遵循习近平总书记重要指示精神，综合理论界研究成果，一般认为，农业农村现代化是一个综合性发展目标，包括产业兴旺、生态宜居、治理有效、乡风文明、生活富裕等方面，需要从农业、农村、农民3个维度去认识和把握，就是将现代科学技术、先进文化、设施设备、经营理念不断引入农业农村，完善现代农业产业体系、生产体系、经营体系，改善农村基础设施和基本公共服务条件，提高农民科技文化素质和收入水平，实现农业高质高效、乡村宜居宜业、农民富裕富足的过程。

推进农业现代化、实现农业高质高效，就是要加快农业科技创新、推进农业绿色发展、提升农业全产业链现代化水平，全面提高劳动生产率、土地产出率和资源利用率。主要任务是着力推进粮食稳产保供、产品绿色安全、农田旱涝保收、种子良种良法、农机全程全面、经营规模适度。

推进农村现代化、实现乡村宜居宜业，就是要坚持不懈实施乡村建设行动，强化规划引领，全面改善乡村生产生活条件，全面塑造美丽乡村风貌，让农村成为农民安居乐业的美丽家园。主要任务是促进交通便捷、生活便利、服务提质、环境优美、治理有效。

推进农民现代化、实现农民富裕富足，就是要围绕"富脑袋""富口袋"，加强农民教育培训，千方百计促进农民就业增收，维护农民合法权益，促进农民全面发展。主要任务是促进农民素质提升、生活富裕、精神富足。

■中国要美，农村必须美。图为四川省广元市朝天区美丽新农村（张训 摄）

五位一体，统筹推进；四个全面，部署有方

党的十八大以来，我们党形成并统筹推进"五位一体"总体布局，形成并协调推进"四个全面"战略布局。"五位一体"总体布局和"四个全面"战略布局相互促进、统筹联动，从全局上确立了新时代坚持和发展中国特色社会主义的战略规划和部署。

知识条目

"五位一体"

"五位一体"即经济建设、政治建设、文化建设、社会建设、生态文明建设五位一体。党的十八大报告对推进中国特色社会主义事业作出"五位一体"总体布局，这是中国共产党对"实现什么样的发展、怎样发展"这一重大战略问题的科学回答。中国特色社会主义事业总体布局，是我们党对社会主义建设规律在实践和认识上不断深化的重要成果。改革开放以来，随着经济社会发展和实践深入，从物质文明、精神文明"两个文明"，到经济、政治、文化建设"三位一体"；从经济、政治、文化、社会建设"四位一体"，再到"五位一体"，这是重大理论和实践创新，更带来了发展理念和发展方式的深刻转变。"五位一体"各方面相互联系、相互促进、不可分割，共同构筑起中国特色社会主义事业的全局。要按照"五位一体"总体布局的整体性目标要求，坚持以经济建设为中心，促进经济、政治、文

化、社会、生态文明建设各方面相协调，推动生产关系与生产力、上层建筑与经济基础相适应，推进中国特色社会主义事业全面发展、全面进步。

"四个全面"

2014年12月，习近平总书记在江苏调研时强调，要主动把握和积极适应经济发展新常态，协调推进全面建成小康社会、全面深化改革、全面推进依法治国、全面从严治党，推动改革开放和社会主义现代化建设迈上新台阶。这是习近平总书记第一次明确提出"四个全面"。2015年2月，习近平总书记在省部级主要领导干部学习贯彻十八届四中全会精神全面推进依法治国专题研讨班开班式上，首次把"四个全面"定位于党中央的战略布局。

■云南罗平美丽乡村

　　党的十八届三中、四中、五中、六中全会相继就全面深化改革、全面依法治国、全面建成小康社会、全面从严治党进行了专题研究部署，完成"四个全面"战略布局顶层设计。

　　2020年10月，中国共产党第十九届中央委员会第五次全体会议审议通过了《关于制定国民经济和社会发展第十四个五年规划和二〇三五年远景目标的建议》，适应2020年全面小康社会已经建成的情况，"四个全面"的提法有了新变化，即全面建设社会主义现代化国家、全面深化改革、全面依法治国、全面从严治党。这也标志着我们党和国家已开启全面建设社会主义现代化新征程。

产业兴旺，富民强村；生态宜居，青山碧浪

农业兴、百业旺，产业兴旺是乡村振兴的立足点，是解决农村一切问题的前提，可以激发乡村活力、提升农业、繁荣农村、富裕农民。建设人与自然和谐共生的生态宜居美丽乡村，践行"绿水青山就是金山银山"理念，实现风景秀丽、产业兴旺、人民富足，是建设新型城乡村镇的美好愿景。

知识条目

乡村产业

乡村产业是根植于县域，以农业农村资源为依托，以农民为主体，以一二三产业融合发展为路径，地域特色鲜明、创新创业活跃、业态类型丰富、利益联结紧密的产业体系。乡村产业源于传统种养业和手工业，主要包括现代种养业、乡土特色产业、农产品加工流通业、休闲旅游业、乡村服务业等，具有产业链延长、价值链提升、供应链健全以及农业功能充分发掘、乡村价值深度开发、乡村就业结构优化、农民增收渠道拓宽等一系列特征，是提升农业、繁荣农村、富裕农民的产业。

乡村产业是个新词，但不是件新鲜事，乡村产业发展是一个动态持续的过程。萌芽阶段，从原始社会后期的"抱布贸丝"、封建社会的男耕女织到近现代的农村工商业，可谓"千家门店立、万户捣衣

声"。孕育阶段，从20世纪六七十年代社办工业、农村"五小工业"到社队企业崭露头角，再到80年代农村能人"洗脚上田"，敢为天下先，乡镇企业"异军突起"，"三分天下有其一"是那时乡村产业的写照。归农阶段，从20世纪90年代农业产业化快速发展，到21世纪农产品加工业快速发展，逐步形成了以农业农村资源为依托的乡村产业雏形。成长阶段，党的十八大以来，农村创业创新环境持续改善，乡村产业融合发展渐成趋势，农业越过产业边界后融入了现代

国务院文件

国发〔2019〕12号

国务院关于促进乡村产业振兴的指导意见

各省、自治区、直辖市人民政府，国务院各部委、各直属机构：
产业兴旺是乡村振兴的重要基础，是解决农村一切问题的前提。乡村产业根植于县域，以农业农村资源为依托，以农民为主体，以农村一二三产业融合发展为路径，地域特色鲜明、创新创业活跃、业态类型丰富、利益联结紧密，是提升农业、繁荣农村、富裕农民的产业。近年来，我国农村创新创业环境不断改善，新产业新业态大量涌现，乡村产业发展取得积极成效，但也存在产业门类不全、产业链条较短、要素活力不足和质量效益不高等问题，亟需加强引导和扶持。为促进乡村产业振兴，现提出如下意见。

— 1 —

■2019年6月，国务院印发了《关于促进乡村产业振兴的指导意见》，明确了乡村产业的内涵特征、发展思路、实现路径和政策措施等，成为今后一个时期我国乡村产业发展的阶段性纲领性文件

产业要素，新产业、新业态、新模式大量涌现，乡村产业的内涵和外延更加拓展，已成为农业农村经济的重要支柱和国民经济的重要组成部分。

乡村振兴，产业兴旺是基础。党中央、国务院高度重视乡村产业发展。习近平总书记指出，产业兴旺，是解决农村一切问题的前提。2019年6月，国务院印发了《关于促进乡村产业振兴的指导意见》，对促进乡村产业振兴做出全面部署。2020年7月，农业农村部印发《全国乡村产业发展规划（2020—2025年)》，明确乡村产业发展目标任务、结构布局、政策措施等。2020年，乡村产业呈现良好发展势头，农产品加工业营业收入达23.5万亿元，乡村休闲旅游业营业收入达6 000亿元，农林牧渔专业及辅助性活动产值收入超6 500亿元，农村网络销售额超1.7万亿元，返乡创业创新人员累计达1 010万。一批彰显地域特色、体现乡村气息、承载乡村价值、适应现代需要的乡村产业，正在广阔天地中不断成长，为乡村全面振兴和农业农村现代化提供有力支撑。

农业绿色发展

改革开放以来，我国农业发展不断迈上新台阶，粮食连年丰收，棉油糖、果菜茶、肉蛋奶、水产品等供给充裕，但也付出了很大代价，农业资源长期透支，过度开发，农业面源污染加重，农业生态环境亮起了"红灯"。推进农业绿色发展，是贯彻新发展理念、推进农业供给侧结构性改革的必然要求，是加快农业现代化、促进农业可持续发展的重大举措，是守住绿水青山、建设美丽中国的时代担当，对保障国家食物安全、资源安全和生态安全，维系当代人福祉和保障子

■国家级自然保护区红卫农场积极贯彻落实国家湿地保护政策，加大湿地管护和退耕还湿力度，保护区环境重现昔日草木茂密、碧水连天、百鸟齐飞的景象，图为腾空而起的野鸭（李凤 摄）

孙后代永续发展具有重大意义。2017年9月，中共中央、国务院发布《关于创新体制机制推进农业绿色发展的意见》，提出创新体制机制，推进农业绿色发展，促进形成与资源环境承载力相匹配、与生产生活生态相协调的农业发展格局。农业绿色发展的基本特征是更加注重资源节约，内在属性是更加注重环境友好，根本要求是更加注重生态保育，重要目标是更加注重农产品质量。农业绿色发展需要着力解决农业资源趋紧、农业面源污染、农业生态系统退化、农产品质量安全等问题。

2017年9月《关于创新体制机制推进农业绿色发展的意见》发布后，农业部开始实施包括畜禽粪污资源化利用行动、果菜茶有机肥替代化肥行动、东北地区秸秆处理行动、农膜回收行动和以长江为重点的水生生物保护行动在内的农业绿色发展"五大行动"。把农业的绿色发展摆在突出位置，推进减量增效、绿色替代、种养循环、综合治理，取得了明显的成效。

耕地轮作休耕制度

轮作是在同一块田地上，有序地在季节间或年间轮换种植不同的作物或复种组合的一种种植方式，是用地、养地相结合的一种生物学措施。休耕就是在一段时间内不耕种，其主要目的是减少耕地水分、养分的消耗，并积蓄雨水、消灭杂草，促进土壤潜在养分转化，使耕地得到休养和恢复，为以后作物生长创造良好的土壤环境和条件。轮作休耕是指将作物轮作与耕地休耕结合起来，即耕地在轮作周期内（一般为3～5年，3～5个田区），各个田区依次轮流休耕，国外的"二圃制""三圃制"及"四圃制"就是如此。

在我国，轮作休耕是较早应用于地力保护的重要措施。北魏农学家贾思勰所著的《齐民要术》中，就有"谷田必须岁易"的记载，指

■自2016年起，实行耕地轮作休耕制度试点。2019年，中央财政补贴轮作休耕试点面积达3 000万亩。图为江苏省太仓市牌楼社区农民平整休耕土地

出了作物轮作的必要性。

党的十八届五中全会提出，利用现阶段国内外市场粮食供给充裕的时机，在部分地区实行耕地轮作休耕，既有利于耕地休养生息和农业可持续发展，又有利于平衡粮食供求矛盾、稳定农民收入、减轻财政压力，全会作出了关于开展耕地轮作休耕试点、促进农业可持续发展的决策部署。2016年6月，农业部会同中央农办等10个部门联合印发了《探索实行耕地轮作休耕制度试点方案》，根据该方案，重点在东北冷凉区、北方农牧交错区等地开展轮作试点，按照每年每亩150元的标准补助；重点在地下水漏斗区、重金属污染区和生态严重退化地区开展休耕试点，按照每年每亩500～1 300元的标准补助，资金直接兑现到农户。

在我国，农业资源禀赋先天不足，超多人口给粮食供给带来巨大压力，耕地水资源超强度利用，资源环境亮起"红灯"，在这样的大背景下，开展耕地轮作休耕制度试点，是主动应对生态资源压力、转变农业发展方式、促进可持续发展的重大举措。

长江"十年禁渔"

长江是中华民族的母亲河，是世界上七大水生生物多样性最丰富的河流之一，也是维护国家生态安全、推动长江经济带绿色发展的重要屏障。据统计，长江流域分布的水生生物达4 300多种，其中鱼类400多种，拥有中华鲟、长江鲟、长江江豚等国家重点保护的水生生物11种，还有长江特有的鱼类170多种。长江是中华民族发展的重要支撑。长江"十年禁渔"是以习近平同志为核心的党中央为全局计、为子孙谋而作出的重大决策部署，是推进生态文明建设、落实长江大

■2021年长江水生生物人工增殖放流活动，优质鱼苗投放长江"母亲河"

保护的标志性、历史性工程。

多年来，受拦河筑坝、水域污染、过度捕捞等人类活动影响，长江生物多样性持续下降，珍稀特有物种资源全面衰退，经济鱼类资源量可以说接近枯竭，白鳍豚、白鲟、鲥鱼、鲸等长江特有鱼类已宣告"功能性灭绝"，中华鲟、长江江豚等极度濒危。水生生物保护形势严峻，水域生态修复任务艰巨。对此，习近平总书记指出，"长江病了，而且病得还不轻""长江生物完整性指数到了最差的'无鱼'等级""长江生态环境保护修复，一个是治污，一个是治岸，一个是治渔。长江禁渔是件大事，关系30多万渔民的生计，代价不小，但比起全流域的生态保护还是值得的。长江水生生物多样性不能在我们这一代手里搞没了。"

禁捕是有效缓解长江生物资源衰退和生物多样性下降危机的关键之举。2017年11月，农业部公布《率先全面禁捕长江流域水生生物保护区名录的通告》，决定从2018年1月1日起率先在长江上游珍稀特有鱼类国家级自然保护区等332个水生生物保护区逐步施行全面禁捕。2017—2020年，中央一号文件连续4年对长江禁捕提出明确要求；《国务院办公厅关于加强长江水生生物保护工作的意见》明确要求长江重点水域实行常年禁捕。2019年12月，农业农村部印发《关于长江流域重点水域禁捕范围和时间的通告》，规定长江流域332个水生生物保护区自2020年1月1日起，全面禁止生产性捕捞；保护区外的长江干流、重要支流和大型通江湖泊，即"一江两湖七河"（长江干流，鄱阳湖、洞庭湖两大通江湖泊，以及大渡河、岷江、沱江、赤水河、嘉陵江、乌江、汉江7条重要支流），自2021年1月1日起实行暂定为期10年的常年禁捕，其间禁止天然渔业资源的生产性捕捞。2020年11月，农业农村部印发《关于设立长江口禁捕管理区的通告》，规定自2021年1月1日零时起，在长江口禁捕管理区实行与长江流域重点水域相同的禁捕管理措施。与长江干流、重要支流、大型通江湖泊连通的其他天然水域，由省级渔业行政主管部门确定禁捕范围和时间。

青、草、鲢、鳙"四大家鱼"通常需要生长4年才能达到性成熟。连续禁捕10年，这些鱼类可以完成2～3个世代的繁衍，种群数量和生物多样性都可以得到有效恢复，为保持长江水域生态的原真性和完整性提供重要保障。

从长江整体生态系统功能来看，在一个较长时间内实行长江禁渔，鱼类资源量和物种整体种群数量将增加和恢复，长江禁渔对水体生态系统的保护和修复、整个长江生态多样性维持和社会生态系统环境的改善都有积极作用。

农业生态环境保护

　　农业生态环境是农业生产的物质基础，也是农产品质量安全的源头保障。党中央高度重视农业生态环境保护工作。习近平总书记指出，"农业发展不仅要杜绝生态环境欠新账，而且要逐步还旧账"。"打好农业面源污染治理攻坚战""推进农业绿色发展是农业发展观的一场深刻革命"。加强农业生态环境保护，是推进农业绿色、高质量发展的重要内容和具体举措，对实现乡村全面振兴具有重要意义。

　　党的十八大首次提出"五位一体"总体布局，把生态文明建设融入经济建设、政治建设、文化建设、社会建设各方面和全过程。农业生态环境保护是生态文明建设的重要组成部分。2015年，农业部印发了《关于打好农业面源污染防治攻坚战的实施意见》，明确"一控两减三基本"的治理目标，打响农业面源污染治理攻坚战。2017年，农业部启动实施了农业绿色发展五大行动，着力解决农业生态环境面临的突出问题。2018年，农业农村部印发《关于深入推进生态环境保护工作的意见》，以习近平生态文明思想为指引，全面部署了新时代农业农村生态环境保护工作。2019年，农业农村部印发《关于做好农业生态环境监测工作的通知》，强化农业生态环境监测，提升农业生态环境监测预警能力，协同推进农业污染防治和农业绿色发展。

　　目前，农业生态环境保护扎实推进，农业绿色发展理念日益深入人心，制度的"四梁八柱"已经构建，出来一批样板模式，初步形成了质量兴农、效益兴农、绿色兴农的新格局。2020年，我国水稻、小麦、玉米三大粮食作物化肥利用率达40.2%、农药利用率达40.6%，分别比2015年提高5个百分点和4个百分点，化肥、农药使用量显著减少。规模化养殖污染防治有序推进，畜禽粪污综合利用率达75%。秸秆农用为主、多元发展的利用格局基本形成，综合利用率达86.7%。农膜回收率达80%，重点地区"白色污染"得到有效防控。耕地土壤环境质量有效改善，受污染耕地安全利用水平显著提升。据第二次全国污染源普查结果显示，与10年前相比，农业领域污染排放量明显下降，化学需氧量、总氮、总磷排放分别下降了19%、48%、25%，农业生产实现了"增产又减污"。

进入新发展阶段，要持续加强农业生态环境保护，全面贯彻新发展理念，完善农业生态环境保护与治理体系，健全农业生态环境保护的长效机制，加快构建人与自然和谐共生的农业发展新格局，为保障国家粮食安全、加强农村生态文明建设提供重要支撑。

■从2003年开始，国家启动实施了退牧还草工程，建设围栏，促进草原生态恢复

乡风文明，塑形铸魂；治理有效，互助守望

大力培育新时代的文明乡风、良好家风和淳朴民风，为乡村振兴提供强大的精神动力。"文化"是乡村振兴的魂，乡村振兴既要"塑形"，也要"铸魂"。乡村有独特的社会文化习俗，尊重乡村的特点，才能开展有效的乡村治理。邻里文化是中国传统文化的一部分，邻里之间和睦相处、互帮互助，能构建和谐美好的社会关系。

邻里之间，守望互助 语出《孟子·滕文公上》，"出入相友，守望相助，疾病相扶持。"原指为了对付来犯的敌人或意外的灾祸，邻近各村落共同警戒、互相援助。

知识条目

乡村治理

自古以来，乡村治理都是我国国家治理的重要内容之一，并在千百年的历史进程中不断演化。传统的乡村治理多是指以宗族、血缘关系为纽带，与中国古代传统道德观、法制观相协调，官府与乡绅、宗族共同实现对乡村秩序的维持。中国共产党成立以后，无论是在革命、建设还是改革时期，都始终重视维护农民的根本利益，注重发挥农民在乡村治理中的主体地位。新民主主义革命时期，农村经济凋敝，传统乡村治理难以为继，党在根据地深入开展土地革命、党的建

设和武装斗争实践，通过特殊的方式开创了根据地的乡村治理。新中国成立后，党全面建立基层政权，建立起了集经济组织与行政组织合一的人民公社制度，突出特征是"政社合一"。改革开放后，全国乡村治理开始"撤社建乡"，重新确立了乡镇政权作为最基层政权的地位，建立起了农村基层社会的村民自治制度，实现了从治理理念到治理体制的根本变化。

党的十八大以来，我国乡村社会发生了巨大的变化，乡村治理以加强和创新农村社会管理，保障和改善农村民生为优先方向，树立系统治理、依法治理、综合治理、源头治理的理念，推进乡村治理体系和治理能力现代化，确保广大农民安居乐业、农村社会安定有序。

2013年以来，每个中央一号文件都对乡村治理提出明确要求，形成了系统化的乡村治理政策体系。党的十九大明确提出，加强农村基层基础工作，健全自治、法治、德治相结合的乡村治理体系。乡村治理的重点是加强基层党组织建设，深化村民自治实践，推进法治乡村和文明乡风建设，提升基层管理和服务能力，目标是建设充满活力、和谐有序的乡村社会。

2019年6月，中共中央办公厅、国务院办公厅出台《关于加强和改进乡村治理的指导意见》，对当前和今后一个时期乡村治理工作作出全面部署。总体目标是到2035年，我国乡村公共服务、公共管理、公共安全保障水平显著提高，党组织领导的自治、法治、德治相结合的乡村治理体系更加完善，乡村社会治理有效、充满活力、和谐有序，乡村治理体系和治理能力基本实现现代化。

自治、德治与法治

自治、法治、德治是维持乡村治理格局良性运转的不同治理方式。自治属于村庄的范畴，法治属于国家的范畴，德治属于社会的范畴。自治是基础，法治是保障，德治是补充，这三种方式互为补充、互相衔接、缺一不可。

2019年6月，中共中央办公厅、国务院办公厅印发的《关于加强和改进乡村治理的指导意见》，核心就是强调自治、法治、德治有机结合，主线为健全自治、法治、德治相结合的乡村治理体系。2020年12月28日，习近平总书记在中央农村工作会议上再次强调："要加强和改进乡村治理，加快构建党组织领导的乡村治理体系，深入推进平安乡村建设，创新乡村治理方式，提高乡村善治水平。"

以自治增活力。村民自治是我国农村基层民主的一种基本形态，是党领导亿万农民建设社会主义民主政治的一个伟大实践。从1980年广西宜山县三岔公社合寨大队果作屯诞生我国第一个村民委员会到

■四川省广元市柳桥乡普子村村民举行道德积分评定会（唐勋 摄）

■ 加强农村精神文明建设，切实提升农民精神风貌，推动乡风民风美起来、文化生活美起来。图为江苏徐州马庄村农民乐团参加意大利第八届国际音乐节

现在，村民自治在我国已经走过了40多年的实践历程。以自治增活力，需要从健全完善村民自治的有效实现形式入手，进一步健全农村基层民主选举、民主决策、民主管理、民主监督的机制。

以法治强保障。乡村有效治理，法治是前提，法治是基础，法治是保障。要全面依法治国，必须把政府各项涉农工作纳入法治化轨道，加强农村法治宣传教育，完善农村法律服务，引导干部群众遵法、学法、守法、用法，依法表达诉求、解决纠纷、维护权益，建设法治乡村。

以德治扬正气。乡村治理要达到春风化雨的效果，就要深入挖掘熟人社会中的道德力量，德、法、礼并用，通过制定村规民约、村民道德公约等自律规范，弘扬中华优秀传统文化，教育引导农民爱党爱国、向上向善、孝老爱亲、重义守信、勤俭持家，增强乡村发展的软实力。

将自治、法治、德治"三治"融合，充分激发广大村民的自治积极性，实现乡村治理法治化，提升群众思想道德水平，走中国特色社会主义乡村善治之路，实现乡村社会治理有效、充满活力、和谐有序。

随着互联网等数字经济的发展，浙江省积极探索德治、法治、自治、智治"四治融合"的乡村治理体系。2021年5月20日，中共中央、国务院印发《关于支持浙江高质量发展建设共同富裕示范区的意见》，提出"探索智慧治理新平台、新机制、新模式"。智治以网络和大数据智能处理为依托，通过收集信息、大数据分析得出治理建议，是乡村治理模式的有益补充，"四治融合"有利于实现共治共建共享的社会治理格局。

农村精神文明建设

农村精神文明建设，是社会主义精神文明建设的一个重要方面，主要包括农村思想建设和农村文化建设。加强农村精神文明建设，是全面推进乡村振兴的重要内容。

我们党历来重视农村精神文明建设。早在1995年，中央宣传部、农业部就印发了《关于深入开展农村社会主义精神文明建设活动的若干意见》，指出"农村精神文明建设，最根本的是要加强对农民的思想教育。要紧紧围绕经济建设这个中心，坚持从农村、农民的实际出发，区别对象，讲究方法，着力解决亿万农民的精神支柱和精神动力问题，把他们的积极性、创造性凝聚到建设社会主义新农村的伟大事业上来"，并且提出"把道德建设作为农村精神文明建设的重要内容和基础性工作认真抓好"等要求。

进入新时代，习近平总书记高度重视农村精神文明建设，农村精神文明建设的内涵和外延不断拓展。2018年3月8日，习近平总书记在参加十三届全国人大一次会议山东代表团审议时指出，"要推动乡村文化振兴，加强农村思想道德建设和公共文化建设，以社会主义核心价值观为引领，深入挖掘优秀传统农耕文化蕴含的思想观念、人文精神、道德规范，培育挖掘乡土文化人才，弘扬主旋律和社会正气，培育文明乡风、良好家风、淳朴民风，改善农民精神风貌，提高乡村社会文明程度，焕发乡村文明新气象。"在2020年中央农村工作会议上，习近平总书记强调，农村精神文明建设是滋润人心、德化人心、凝聚人心的工作，要绵绵用力，下足功夫。要加强农村思想道德建设，弘扬和践行社会主义核心价值观，普及科学知识，推进农村移风易俗，推动形成文明乡风、良好家风、淳朴民风。近年来，各地认真贯彻落实习近平总书记重要指示精神，大力推进农村精神文明建设，弘扬优秀传统文化和文明风尚，依托村规民约、教育惩戒等褒扬善行义举、贬斥失德失范，唱响主旋律，育成新风尚。

建设新时代文明实践中心是农村精神文明建设的重要举措。2018年7月6日，中央全面深化改革委员会第三次会议指出，建设新时代文明实践中心，是深入宣传习近平新时代中国特色社会主义思想的一个重要载体，要着眼于凝聚群众、引导群众，以文化人、成风化俗，调动各方力量，整合各种资源，创新方式方法，用中国特色社会主义文化、社会主义思想道德牢牢占领农村思想文化阵地，动员和激励广大农村群众积极投身社会主义现代化建设。

移风易俗

推进移风易俗、建设文明乡风，是实施乡村振兴战略一项非常重要的工作，是培育和践行社会主义核心价值观的必然要求，也是当前农民群众最为关心的现实问题。一直以来，党中央、国务院高度重视农村精神文明建设，习近平总书记指出，实施乡村振兴战略，不能光看农民口袋里的票子有多少，更要看农民的精神风貌怎么样。必须坚持物质文明和精神文明一起抓，提升农民精神风貌，培育文明乡风、

■培育淳朴民风（李世居 摄）

良好家风、淳朴民风，不断提高乡村社会文明程度。

近年来，各地在革除农村陋习，树文明新风方面，做了一些工作，取得了明显成效。但是，天价彩礼"娶不起"、豪华丧葬"死不起"、名目繁多的人情礼金"还不起"以及孝道式微、农村老人"老无所养"等问题还大量的存在。这些农村社会不良风气的蔓延，给广大农民群众带来巨大的家庭负担，也扭曲了社会的价值观，亟须通过推进移风易俗，破除陈规陋习，建设文明乡村。

2019年10月，中央农村工作领导小组办公室、农业农村部等11个部门联合印发《关于进一步推进移风易俗 建设文明乡风的指导意见》，抵制歪风，弘扬正气。通过发挥村民自治作用、加强宣传教育、加强典型示范、加强制度保障、加强工作创新、落实责任等，让农民群众在参与中改变观念、在实践中提高认识。

总之，推进移风易俗、建设文明乡风既要依法依规开展，又要符合农村实际，尊重当地传统习俗，最大限度地体现全体村民意愿，这样才能够取得长久实效，得到广大农民群众的拥护和支持。

生活富裕，无忧无虑；千秋伟业，同心同向

推动农业发展，改善农村环境和面貌，提高农民的收入，让农民生活丰衣足食，增强农民的获得感、幸福感。中华民族伟大复兴的千秋伟业植根于亿万人民心中，是全党全国各族人民共同的向往。

同心同向 意指大家心往一处想，就是要努力奋斗，创造美好的生活，实现中华民族伟大复兴的伟业。

知识条目

五大振兴

五大振兴是指产业振兴，人才振兴，文化振兴，生态振兴，组织振兴。2018年全国两会期间，习近平总书记在参加山东代表团审议时提出要推动乡村产业振兴、人才振兴、文化振兴、生态振兴和组织振兴。2018年9月26日国家发布的《乡村振兴战略规划（2018—2022年）》也明确，要科学有序推动乡村产业、人才、文化、生态和组织振兴。

一是产业振兴。乡村振兴，产业兴旺是重点。推动产业振兴是乡村振兴的基础，产业兴旺，农民收入才能稳定增长。在产业发展方面，既要促进第一产业的发展，也要适宜发展新兴二三产业，培育新产业、新业态、新模式，促进农村一二三产业融合发展。产业发展的

重要任务是保障粮食安全，保障重要农产品的有效供给和质量安全，提高农业质量、效益和竞争力，实现农业高质量发展。

二是人才振兴。乡村振兴，人才是基石。推动人才振兴，要把人力资本开发放在首要位置，强化乡村振兴人才支撑，加快培育新型农业经营主体，让愿意留在乡村、建设家乡的人留得安心，让愿意上山下乡、回报乡村的人更有信心，激励各类人才在农村广阔天地大展才华、大显身手，打造一支强大的乡村振兴人才队伍。

三是文化振兴。乡村振兴，既要"塑形"，也要"铸魂"。实施乡村振兴战略，要物质文明和精神文明一起抓，既要富口袋，又要富脑袋。把乡村文化振兴贯穿于乡村振兴的各领域、全过程，持续为乡村提供精神动力。文化振兴既要保护传承农村优秀传统文化，又要加快培育文明乡风；既要丰富乡村文化生活，推进城乡公共服务均等化；又要发展乡村特色文化产业，活跃繁荣农村文化市场。

四是生态振兴。乡村振兴，生态宜居是关键。良好的生态环境是农村的最大优势和宝贵财富。要坚持人与自然和谐共生，走乡村绿色发展之路。牢固树立和践行"绿水青山就是金山银山"的理念，以绿色发展引领乡村。生态宜居是实施乡村振兴战略的重大任务，要实施乡村建设行动，以优化农村人居环境和完善农村公共基础设施为重点，让乡村看得见山，望得见水，记得住乡愁。

五是组织振兴。农村基层党组织强不强，基层党组织书记行不行，直接关系乡村振兴战略的实施效果好不好。以农村基层党组织建设为主线，提升组织力，全面加快农村基层群众性自治组织建设、经济组织建设和社会组织建设，推动乡村组织振兴，打造充满活力、和谐有序的善治乡村。

农民专业合作社

农民专业合作社是指在农村家庭承包经营的基础上，农产品的生产经营者或农业生产经营服务的提供者、利用者，自愿联合、民主管理的互助性经济组织。农民专业合作社依照《中华人民共和国农民专业合作社法》在市场监督管理部门登记，取得法人资格。农民专业合作社应当具备5名以上符合法律规定的成员、章程、组织机构、名称和住所、成员出资。3个以上农民专业合作社在自愿的基础上，可以出资设立农民专业合作社联合社。

改革开放以来，我国农民群众在家庭承包经营的基础上开展生产经营合作的意愿不断增强，合作实践不断丰富。为满足农民群众合作的需求，2007年7月1日，《中华人民共和国农民专业合作社法》施行，并于2017年进行修订。《中华人民共和国农民专业合作社法》确立了农民专业合作社和联合社的法人资格，赋予农民专业合作社与其他市场主体平等的法律地位，允许以土地经营权等非货币财产作价出资，明确了农民专业合作社的业务范围，规范了农民专业合作社的组织和行为。

■济南首家农民专业合作社成立

截至2021年9月底，全国依法登记的农民专业合作社达223万家，辐射带动全国近一半的农户，组建联合社1万多家。农民专业合作社蓬勃发展，服务能力持续增强，合作内容不断丰富，发展质量进一步提高，已成为引领农民参与国内外市场竞争的现代农业经营组织，在建设现代农业、推动乡村振兴、引领小农户与现代农业有机衔接中发挥着越来越重要的作用。

家庭农场

家庭农场是指以农民家庭成员为主要劳动力，以农业经营收入为主要收入来源，利用家庭承包土地或流转土地，从事规模化、集约化、商品化农业生产的新型农业经营主体。中央高度重视培育和发展家庭农场，党的十八届三中全会明确指出要鼓励承包经营权向家庭农场等各类新型主体流转，发展适度规模经营。2013年中央一号文件提出，鼓励和支持承包土地向专业大户、家庭农场、农民合作社流转。其中，"家庭农场"的概念是首次在中央一号文件中出现。2014年2月，农业部出台了《关于促进家庭农场发展的指导意见》，从工作指导、土地流转、落实支农惠农政策、强化社会化服务、人才支撑等方面提出了促进家庭农场发展的具体扶持措施。2014年11月，中共中央办公厅、国务院办公厅印发的《关于引导农村土地经营权有序流转发展农业适度规模经营的意见》明确提出，要重点培育以家庭成员为主要劳动力、以农业为主要收入来源，从事专业化、集约化农业生产的家庭农场，使之成为引领适度规模经营、发展现代农业的有生力量；要分级建立示范家庭农场名录，健全管理服务制度，加强示范引导；要鼓励各地整合涉农资金建设连片高标准农田，并优先流向家庭农场、专业大户等规模经营农户。

2020年3月，农业农村部印发《新型农业经营主体和服务主体高质量发展规划（2020—2022年）》文件，指出到2022年，各级示范家庭农场达到10万家，生产经营能力和带动能力得到巩固提升。截至2021年9月底，全国家庭农场超过了380万个，平均经营规模134.3亩。

■江苏无锡为家庭农场颁发执照

■江西永丰家庭农场忙春耕

农村公共服务

基本公共服务是以一定时期经济社会发展水平为基础，在社会共识基础上，政府为维护经济社会的稳定和发展、保障公民的基本生存和发展权利、实现社会公平正义而提供的公共产品与服务。公共服务属于公共产品，其提供应以政府为主、以公共财政投入为主，并吸引市场主体和社会主体有序参与。当前，我国最大的不平衡是城乡关系的不平衡，最大的不充分是乡村发展的不充分。城乡之间不平衡最突出的表现在基本公共服务发展水平的不平衡，这种不平衡表现在资源布局、能力提供和服务质量上。公共服务仍是乡村发展的明显短板，义务教育、公共卫生和基本医疗、基本社会保障、公共就业服务，是广大农村居民最关心、最迫切的公共服务，要实现共享发展，必须加快补齐。

党的十六大提出统筹城乡发展，公共财政开始向农村倾斜，公共设施开始向农村延伸，公共服务开始向农村覆盖，农村建立了社保制度，这是破天荒、历史性的制度。党的十八大以来，随着重农强农惠农政策支持力度加大，随着脱贫攻坚巨量投入，广大农村，特别是贫困地区乡村面貌发生了巨大变化：包括农村的水、电、路、气、房建设，人居环境整治，厕所、垃圾、污水"三大革命"，社会事业发展，义务教育，尤其是通过希望工程、免学费、给农村学生提供营养餐等，建立了促进义务教育均衡发展的机制。农村的卫生医疗，低保养老，留守老人、妇女、儿童关爱，大病救助等也都有了前所未有的变化，县医院和乡村卫生所建立医疗共同体，城市大医院通过对口帮扶或者发展远程医疗来缓解农村看病难、看病贵问题，医疗保险、养老保险加快实现各类社会保险标准统一、制度并轨。

目前，农村基本公共服务"有没有"的问题基本得到了解决，但服务的水平和质量与城镇相比、与农民实际需要相比还存在很大差距。国家正在建立城乡公共资源均衡配置机制，聚焦教育、医疗、养老、社会保障等突出问题，持续推进城乡基本公共服务均等化，实现从形式上的普惠向实质上的公平转变，满足农民不同层面的需求。

■农村义务教育课堂

现代农业，四化同步；战略后院，石压底舱

　　努力发展现代农业，在深度融合、良性互动、相互协调中实现"四化同步"。农业农村经济运行总体平稳，"三农""压舱石"和"稳定器"的作用凸显，真正守住了"三农"这个战略后院，为决战脱贫攻坚、决胜全面小康奠定了坚实基础。

　　四化同步 党的十八大指出，"四化同步"是促进工业化、信息化、城镇化、农业现代化同步发展。

　　压舱石 空船的整体重心在水面以上，极易翻船。为避免翻船，空船航行时都载有"压舱石"。早年用石头压舱，现在远洋货轮所用压舱石是按照标准用铸铁制造的，全世界通用，可在全世界周转。"三农"稳定，人们手里有粮，心里不慌，国家社会就安定。所以"三农"被视为战略后院，其位置极其重要。

知识条目

"四化"同步

　　新中国成立后，实现四个现代化被多次提出。1954年，"实现工业、农业、交通运输业和国防的四个现代化"任务在第一届全国人民代表大会上被率先提出。10年之后的1964年12月，在第三届全国人民代表大会第一次会议上，周恩来总理在政府工作报告中首次提出："争取在不太长的历史时期内，把我国建设成一个具有现代农业、现代工业、现代

国防和现代科学技术的社会主义强国。"改革开放后，邓小平继续坚持实现四个现代化的目标。他指出："专心致志地、聚精会神地搞四个现代化建设"，并提出"中国式的四个现代化"。1979年12月，邓小平与日本首相大平正芳会谈时，提出"我们要实现的四个现代化，是中国式的四个现代化。我们的四个现代化的概念，不是像你们那样的现代化的概念，而是'小康之家'"。2012年，党的十八大报告指出："坚持走中国特色新型工业化、信息化、城镇化、农业现代化道路，推动信息化和工业化深度融合、工业化和城镇化良性互动、城镇化和农业现代化相互协调，促进工业化、信息化、城镇化、农业现代化同步发展。"新"四化"建设是中国现代化的必由之路，更具时代感地勾画了建设中国现代化的具体之路。四个现代化的宏伟理想激励几代中国人为之奋斗。

"四化同步"的本质是"四化"互动，"四化"是一个整体系统：工业化创造供给，城镇化创造需求，工业化、城镇化带动和装备农业现代化，农业现代化为工业化、城镇化提供支撑和保障，而信息化推进其他"三化"。因此，促进"四化"在互动中实现同步，在互动中实现协调，才能实现社会生产力的跨越式发展。

粮食生产功能区和重要农产品生产保护区

2015年，中央一号文件首次提出，要"探索建立粮食生产功能区，将口粮生产能力落实到田块地头、保障措施落实到具体项目"。党的十八届五中全会通过的"十三五"规划建议，再次明确"探索建立粮食生产功能区和重要农产品生产保护区（以下简称'两区'）"。2017年，国务院印发《关于建立粮食生产功能区和重要农产品生产保护区的指导意见》，对建立"两区"进行了总体部署。

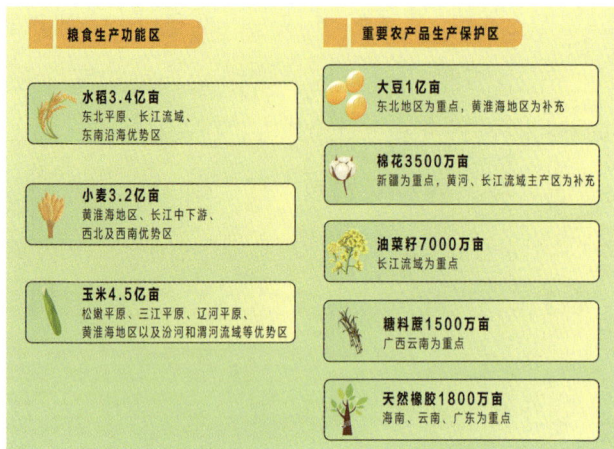

■2017年4月，国务院全面部署粮食生产功能区和重要农产品生产保护区划定和建设工作

"两区"包括稻谷、小麦、玉米三大谷物粮食生产功能区和大豆、棉花、油菜籽、糖料蔗、天然橡胶5类重要农产品生产保护区，是以永久基本农田为基础，划定的水土资源条件较好、基础设施较为完善、相对集中连片的地块，是确保粮食产能的核心区域，是稳定棉油糖胶自给水平的重要基础。建立"两区"，本质上是把种植粮食和重要农产品的优势区域相对固定下来，以生产粮食等主要农产品为功能，实施差别化、定向化扶持政策，进一步优化农业生产结构和区域布局，让农民种粮有账算、有钱赚。

按照《关于建立粮食生产功能区和重要农产品生产保护区的指导意见》要求，农业农村部会同国家发展改革委、自然资源部等部门，指导和督促各地做好"两区"划定工作。经过3年多的努力，各地共划定"两区"地块面积10.88亿亩（扣除相关品种复种面积），超出10.58亿亩目标任务2.8%，将"两区"精准落实到4 800多万个地块，并基本实现上图入库。据测算，"两区"建成后，能满足我国约95%的口粮、90%的谷物消费，建好"两区"就能稳住粮食等重要农产品供给的基本盘。"十四五"期间，要进一步加强"两区"建设和管理，推动相关资金项目向"两区"倾斜，着力引导目标作物种植，调动地方政府抓粮和农民种粮的积极性，发挥"两区"在保障国家粮食安全中的作用。

■北大荒集团友谊农场悉心保护好黑土地这一"耕地中的大熊猫"，图为对收割后的土地进行起垄作业，夕阳下，起好垄的线条像五线谱，作业机车像跳动的音符，在黑土地上弹奏壮美的乐章（刘琴 摄）

特色农产品优势区

特色农产品优势区是指具有资源禀赋和比较优势，产出的农产品品质优良、特色鲜明，拥有较好产业基础和相对完善的产业链条、带动农民增收能力强的特色农产品产业聚集区。2017年中央一号文件《关于深入推进农业供给侧结构性改革加快培育农业农村发展新动能的若干意见》提出，制定特色农产品优势区建设规划，建立评价标准和技术支撑体系，鼓励各地争创园艺产品、畜产品、水产品、林特产品等特色农产品优势区。2017年10月，国家发展改革委、农业部、国家林业局联合印发《特色农产品优势区建设规划纲要》，提出特色农产品优势区既要强调"特色"，更要突出"优势"，聚焦发展特色粮经作物、特色园艺产品、特色畜产品、特色水产品、林特产品五大类中的29个重点品种（类）特色农产品，按照填平补齐的原则，重点建设和完善标准化生产基地、加工基地、仓储物流基地、科技支撑体系、品牌建设与市场营销体系、质量控制体系以及建设和运行机制，构建产业链条相对完整、市场主体利益共享、抗市场风险能力强的特色农产品优势区。2017—2020年，农业农村部会同国家发展改革委等部门共申报认定了4批308个中国特色农产品优势区，打造了一批特色鲜明、优势集聚、产业融合、市场竞争力强的特色产业，有力地促进了产业发展和农民增收。2020年7月，农业农村部会同国家林草局、国家发展改革委等部门印发《中国特色农产品优势区管理办法(试行)》，进一步加强中国特色农产品优势区规范化发展。

■中国特色农产品优势区的创建有力促进了产业发展和农民增收

藏粮于地，藏粮于技；深化改革，共赢开放

党的十八大以来，党中央、国务院出台了一系列强农惠农富农政策，持续推进"藏粮于地、藏粮于技"战略，提升粮食和重要农产品的综合生产能力和农业发展质量，为确保国家粮食安全找到新路径。全面深化改革总目标为深化改革指明了方向，坚定不移发展开放型经济，与世界分享机会和利益，实现互利共赢、共同繁荣。

知识条目

"两藏"战略

"两藏"战略即藏粮于地、藏粮于技战略，是"十三五"规划提出的十四大战略之一，也是依据当时我国粮食生产连续多年丰收、库存高企的实际情况，为推进供给侧结构性改革、转变粮食生产方式而提出的一项重大举措，是保障我国粮食安全提出的战略性措施。近年来，随着农业供给侧结构性改革的推进，粮食产需平衡出现了一些新情况。在此形势下，深入理解和落实藏粮于地、藏粮于技战略，坚持走内涵式发展道路就显得格外重要。

藏粮于地，就是要落实最严格的耕地保护制度，采取"长牙齿"的硬措施，牢牢守住18亿亩耕地红线，坚决遏制耕地"非农化"、严格管控耕地"非粮化"。同时，通过实施国家黑土地保护工程、大力加强高标准农田建设、测土配方施肥等措施，不断完善农田基础设

施、提高耕地质量。藏粮于技，就是通过科技创新解决当前农业生产中的难题，让科技力量为现代农业的高质量发展提供良好支撑。习近平总书记强调："中国现代化离不开农业现代化，农业现代化关键在科技、在人才。"坚持农业科技自立自强，以种业振兴为引领，强化现代农业科技和物质装备支撑，向科技要产量、要品质、要多样、要效益。实施"两藏"战略，最终目的就是要提高粮食和重要农产品的综合生产能力，确保持续有效供给，把中国人的饭碗牢牢端在自己手中。

■藏粮于地——北大荒集团建三江分公司七星农场水稻长势喜人（吴树江 摄）

高标准农田建设

国家标准《高标准农田建设通则》（GB/T 30600-2014）中定义，高标准农田是指"土地平整、集中连片、设施完善、土壤肥沃、生态良好、抗灾能力强，与现代农业生产和经营方式相适应的旱涝保收、高产稳产，划定为基本农田实行永久保护的耕地"。用群众常用的话说，就是"地平整、土肥沃、田成方、林成网、路相通、渠相连、旱能浇、涝能排"的耕地，核心特征是旱涝保收、宜机耕作、高产稳产。

1998年，党的十五届三中全会首次提出建设"高标准基本农田"，要求农业综合开发、农田水利、土地整理等各渠道相关资金大幅投入农业基础设施建设，提升耕地质量。2004年中央一号文件再次提出要建设"高标准基本农田"，提高粮食综合生产能力。同年7月，首批高标准农田示范工程建设项目在全国启动。2013年10月，国务院批复实施《全国高标准农田建设总体规划》，提出到2020年建成8亿亩旱涝保收的高标准农田，亩均粮食综合生产能力提高100千克以上的建设目标。

2018年党和国家机构改革，将原分散在财政、发展改革、国土、水利、农业等多部门的高标准农田建设管理职责统一整合到新组建的农业农村部。2019年，国务院印发《关于切实加强高标准农田建设

■高标准基本农田保护区

提升国家粮食安全基础保障能力的意见》，要求高标准农田建设要形成"统一规划布局、统一建设标准、统一组织实施、统一验收考核和统一'上图入库'"的"五统一"新管理格局。在党中央、国务院高度重视和各地各部门的有力支持配合下，2019年、2020年全国新建高标准农田分别为8 150万亩、8 391万亩，圆满完成了到2020年底建成8亿亩高标准农田的战略任务。从各地的建设实际情况看，高标准农田建成以后，能够显著提高水土资源利用效率，增强粮食生产能力和防灾抗灾减灾能力，建成后项目区粮食产能平均能够提高10%～20%。

2021年8月，国务院正式批复《全国高标准农田建设规划(2021—2030年)》，提出到2030年建成高标准农田12亿亩、改造提升2.8亿亩。如果按平均亩产千斤来计算，12亿亩高标准农田就能稳定1.2万亿斤以上粮食产能，约占我国当前粮食产量(1.3万亿斤）的90%，将为保障国家粮食安全奠定坚实基础。

农业科技进步

农业科技进步是指不断创造和应用先进的农业科学技术，改变传统的、落后的农业生产方式，以不断提高农业的土地产出率、劳动生产率和资源利用率。农业科技进步是确保国家粮食安全和农产品有效供给的基础支撑和根本出路，是推动农业持续稳定发展、实现农业农村现代化的战略支撑和决定力量。

党中央、国务院一直高度重视农业科技进步。新中国成立初期，采取推广群众丰产经验和增产技术，奖励丰产和动员群众兴修水利等措施发展农业科技，为新中国农业科技进步打下了良好

■无人机作业（唐雅冰 摄）

基础。1956年，党中央发出"向科学进军"的伟大号召，后发布《一九五六年到一九七六年全国农业发展纲要》，1961年，发布《关于自然科学研究机构当前工作的十四条意见》等，逐步形成农业科技发展的政策体系。1985年以来，国家大力推动农业科技体制机制改革创新，先后印发了《关于农业科技体制改革的若干意见（试行）》《关于加强技术创新发展高科技实现产业化的决定》等政策文件，指导农业科技系统的改革。21世纪以来，农业科技发展更加迅速，2004年以来，每年中央一号文件都对农业科技发展作出部署，促进农业科技快速进步。

新中国成立70多年来，经过不断努力，从几个农业试验场，逐步发展成全球最完整的农业科技创新体系；从依靠"一把尺子一杆秤"的科研手段，发展成设施完备、装备精良的科技创新条件平台体系；从"人扛牛拉"的传统生产方式，发展成了机械化、自动化、智能化的现代生产方式；从"大水、大肥、大药"的粗放生产方式，转

■农业科技发展迅速

变为资源节约、环境友好的绿色发展方式。

　　尤其是党的十八大以来，我国大力实施创新驱动发展战略，落实"藏粮于地、藏粮于技"战略，围绕加快农业科技创新与推广应用，出台了一系列政策措施，开展了一系列体制机制改革，推动农业科技进步，取得历史性成就、作出历史性贡献。2020年，我国农业科技进步贡献率突破60%，农作物良种覆盖率稳定在96%以上，耕种收综合机械化率超过71%，支撑粮食产能站稳1.3万亿斤，成为促进我国农业农村经济增长最重要的驱动力。

　　立足新发展阶段、贯彻新发展理念、构建新发展格局，更需要依靠农业科技进步，解决好种子和耕地问题，确保中国人的饭碗牢牢端在自己手中。要以农业科技自立自强为基点，以提升农业产业链供应链现代化水平为关键，以农业科技体制机制改革创新为动力，加快解决制约农业节本增效、质量安全、生态绿色的关键核心技术瓶颈，为乡村振兴、农业农村现代化提供强有力的支撑。

全面深化农村改革

中国的改革发源于农村。40多年来，农村改革由点到面、渐进展开、持续推进。从实行家庭承包经营，到稳定完善农村基本经营制度；从改革农产品流通体制，到建立健全农村市场体系；从调整农业农村经济结构，到促进农村一二三产业融合发展；从放宽农村劳动力就业限制，到逐步深化户籍制度改革；从改革农村税费制度，到完善农业支持保护制度；从废除人民公社体制，到健全自治、法治、德治相结合的乡村治理体系。农村改革持续发力，极大地解放和发展了农村社会生产力，推动农业农村发生巨大变化，成为推动农业农村持续发展的不竭动力。

进入新时代，我国经济社会发展处在转型期，农村改革发展面临的环境更加复杂，困难、挑战也随之增多。习近平总书记指出，"解决农业农村发展面临的各种矛盾和问题，根本靠深化改革"。党的十八届三中全会审议通过的《关于全面深化改革若干重大问题的决定》，提出了全面深化改革的指导思想、目标任务、重大原则，描绘了全面深化改革的新蓝图、新愿景、新目标。2014年1月，中共中央、国务院印发中央一号文件《关于全面深化农村改革加快推进农业现代化的若干意见》，要求进一步解放思想，稳中求进，改革创新，坚决破除体制机制弊端，坚持农业基础地位不动摇，加快推进农业现代化。2016年，在安徽调研期间，习近平总书记在凤阳县小岗村主持召开农村改革座谈会并发表重要讲话，对深化农村改革作出系列部署。他指出，新形势下深化农村改革，主线仍然是处理好农民和土地的关系。近年来，党中央、国务院印发了一系列全面深化农村改革的文件，2016年，中共中央办公厅、国务院办公厅印发《关于完善农村土地所有权承包权经营权分置办法的意见》。同年，中共中央、国务院出台《关于稳步推进农村集体产权制度改革的意见》。2017年，中共中央办公厅、国务院办公厅印发《关于加快构建政策体系培育新型农业经营主体的意见》。2018年，将农村土地"三权"分置写入《中华人民共和国民法典》。2019年，中共中央、国务院出台《关于保持土地承包关系稳定并长久不变的意见》。同年，中共中央办公厅、国务院办公厅印发《关于促进小农户和现代农业发展有机衔接的意见》。

■ 股权证

　　在这一系列文件的部署指引下，深化农村土地制度改革、深化农村集体产权制度改革、加快创新农业经营体系、完善农业支持保护制度、建立健全城乡融合发展体制机制和政策体系、加强和创新乡村治理机制等各项农村改革深入推进。正如习近平总书记所说，"要用好深化改革这个法宝"。站在新的历史起点上，推动农业全面升级、农村全面进步、农民全面发展，根本还是要靠全面深化农村改革，不断为农业农村现代化释放新活力、注入新动能。

农业供给侧结构性改革

2015年12月召开的中央农村工作会议首次提出，"要着力加强农业供给侧结构性改革，提高农业供给体系质量和效率，使农产品供给数量充足、品种和质量契合消费者需要，真正形成结构合理、保障有力的农产品有效供给。"此后几年的中央农村工作会议和多个中央一号文件反复强调，要把推进农业供给侧结构性改革作为主线，贯穿农业农村经济发展全过程。

农业供给侧结构性改革是整个供给侧结构性改革的重要一环，要求从生产端、供给侧发力，把确保粮食综合生产能力不降低作为底线，把增加绿色优质农产品供给放在突出位置，用改革创新的办法，调整优化农业的要素、产品、技术、产业、区域、主体等方面结构，加快建立农业产业体系、生产体系、经营体系，促进绿色发展，创新体制机制，从整体上提高农业供给体系的质量和效率，使农业供需关系在更高水平上实现新的平衡，实现农业增效、农民增收、农村增绿。农业供给侧结构性改革，不同于一般意义上的结构调整，既要

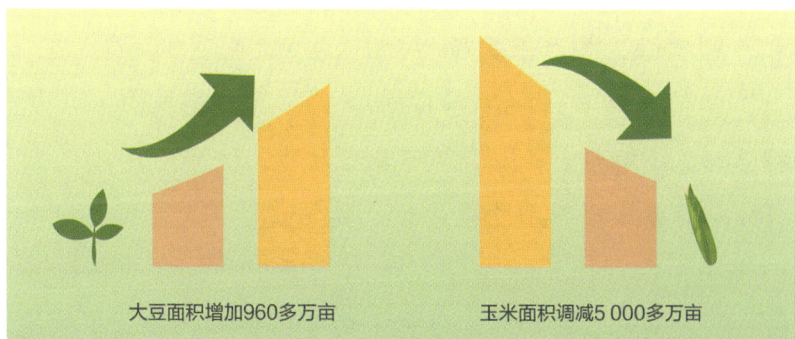

大豆面积增加960多万亩　　　　玉米面积调减5 000多万亩

■2017年，针对玉米阶段性供过于求、大豆供给不足的问题，推进种植结构调整，实行粮改豆、粮改饲，玉米面积比上年调减5 000多万亩，大豆面积增加960多万亩

考虑量的平衡，也要实现质的提升和可持续发展；既要调整结构、调整布局，又要转变方式、创新机制；既要突出发展生产力，又要注重完善生产关系。

■在兴安农垦呼和马场万亩青贮玉米收获现场，大型收割机往来穿梭，田野里一派繁忙的景象。近年来，呼和马场在推进高标准农田建设中通过实施"粮改饲"项目，调整农业种植结构，大规模发展适应于畜牧业需求的青贮玉米，带动全场种养业走出低碳循环、绿色发展的新路子（刘博石　摄）

　　经过几年的努力，农业供给侧结构性改革取得显著成就。截至2020年，粮食综合生产能力稳步提升，产量连续6年稳定在1.3万亿斤以上，其他重要农产品供给保障有力。农业结构进一步优化，大豆面积连续5年增加，产量增至1 960万吨，优质专用小麦面积占比达35.8%，畜禽规模养殖比重达64.5%，重要农产品生产进一步向优势区域集中。农业质量效益和竞争力不断提升，农业科技进步贡献率突破60%，主要农作物实现良种全覆盖，耕种收综合机械化率超过71%，累计认定绿色、有机、地理标志农产品超过4.9万个，农产品例行监测合格率稳定在97%以上。乡村产业呈现良好发展势头，农产品加工业与农业总产值比达到2.3∶1，乡村旅游和休闲农业营业收入达到8 500亿元以上。适度规模经营实现新发展，全国家庭农场超过380万家，农民合作社超过220万家，农村承包地流转占全国农村承包耕地面积的35.9%。农民收入稳步提高，2020年，农村居民人均可支配收入达17 131元，年均增速达6%。

农业的国际合作

农业国际交流合作是我国农业农村经济的重要组成部分，也是我国整体对外开放的重要内容。改革开放以来，特别是2001年加入世界贸易组织之后，我国农业国际交流合作深入推进，为农业农村经济发展、国家对外开放战略和国家整体外交作出了重要贡献。党的十八大以来，以习近平同志为核心的党中央提出建立以"合作共赢"为核心的"新型国际关系"、构建"人类命运共同体"等一系列创新理念，并提出建设"一带一路"的倡议，进一步加快我国农业对外合作进程，推动农业科技国际合作进入跨越发展时期。

"十三五"以来，农业入世承诺全部履行完毕，农产品关税在入世之初15.2%的基础上继续下调，与25个国家和地区达成17项自贸协定，农产品市场开放程度普遍达90%

■中国马铃薯出口东盟

■2016年6月，二十国集团农业部长会议召开，共同商讨农业合作发展大计

以上。我国已稳居全球第二大农产品贸易国，2019年农产品贸易额达2 300亿美元，投资存量、境外设立企业数量和覆盖国分别达348亿美元、986家和106个，农业对外投资流量79.36亿美元，在境外生产农产品2 095万吨，形成了较为完善的境外产业链体系，农业对外开放水平显著提高。

　　我国已与世界140多个国家开展了广泛的农业合作，与94个国家建立了稳定的农业合作关系，与"一带一路"沿线80余个国家签署了农、渔业合作协议。向23个国家派出225名农业专家，推动新技术转移428项，培训外国农业官员技术人员超1.1万人。近年来，先后成功主办二十国集团（G20）、中国－中东欧、金砖国家及中国－太平洋岛国等农业部长会议、首届中非农业合作论坛等重要外事活动，在中国－东盟农业合作以及澜湄农业合作中的影响力不断提升，有力服务了国家外交大局，农业对外合作关系进入新阶段。

绿色引领，创新驱动；融合发展，重塑城乡

践行"绿水青山就是金山银山"的理念，不断推动形成绿色生产方式和生活方式，以绿色发展引领乡村振兴。创新是引领发展的第一动力，着力增强创新驱动发展新动力，加快形成经济发展新方式。加快促进城乡融合发展，整合资源，实现城市和乡村之间产业和区域的优势互补、良性互动。

知识条目

农村双创

创新是引领发展的第一动力，也是新发展理念中的重要内容。唯创新者进，唯创新者强，唯创新者胜。作为"大众创业、万众创新"的重要组成部分，农村创业创新（简称"农村双创"）指农民工，大、中专毕业生，退役军人，科技人员等返乡入乡人员和乡土人才等在乡人员以创新的方式创办经济实体的创造活动，具有创意理念引领、创新业态类型、创建知名品牌等特征。

2018年，习近平总书记在参加十三届全国人大一次会议山东代表团审议时指出，让愿意留在乡村、建设家乡的人留得安心，让愿意上山下乡、回报乡村的人更有信心，激励各类人才在农村广阔天地大施所能、大展才华、大显身手，打造一支强大的乡村振兴人才队伍。2020年，李克强总理对在江苏举办的第五届新农民新业态创业创新

大会批示指出，要坚持以习近平新时代中国特色社会主义思想为指导，认真贯彻党中央、国务院决策部署，以实施乡村振兴战略和创新驱动发展战略为引领，围绕做好"六稳"工作、落实"六保"任务，深入推进"放管服"改革和大众创业万众创新，强化政策扶持和指导服务，进一步优化农村创业创新环境，吸引各类人才返乡入乡创业创新，促进农民就地就近创业就业，加快培育农村发展新动能，持续拓展农民就业空间和增收渠道，为推动农业农村现代化提供更有力支撑。近年来，国务院相继出台《关于支持返乡下乡人员创业创新促进农村一二三产业融合发展的意见》《关于推动创新创业高质量发展打造"双创"升级版的意见》等系列文件，为农村创业创新蓬勃发展提供了明确的指引和强大的动力。

党的十八大以来，农村创业创新焕发出了勃勃生机。栽下梧桐

■新农人（胡佑旭 摄）

树，自有凤来栖。农村创业创新环境持续改善，广袤乡村正成为返乡入乡创业创新热土。据统计，2020年全国返乡入乡创业创新人员已达1 010万人，在乡创业创新人员达3 150万人。创业层次不断提升，14.2%的创业者具有大专及以上学历，65%以上的创业项目具有创新因素，85%以上属于产业融合类型，55%运用了"互联网＋"、共享经济等模式。创办的项目小农户参与度高、受益面广。据监测，90%是联合与合作创业，70%具有带动农民就业增收效果，30%带动农村基础设施和人居环境改善。

城乡融合发展

城乡融合发展，是新时代城乡关系的发展方向。新中国成立以来，城乡关系经历了城乡开放、城乡二元、城乡统筹和城乡一体化、城乡融合等阶段。经过40多年改革开放发展，城乡关系的基础已经由原来的"农业支持工业、乡村支持城市"转变为"以工促农、以城带乡"。21世纪以来，党中央站在全局和战略的高度，针对城乡发展中存在的问题和制约，积极探索符合中国国情的城乡融合发展体制机制，推出了一系列重大改革举措。

2002年，党的十六大明确提出"统筹城乡发展"；2012年，党的十八大提出"推动城乡发展一体化"，要求加快完善城乡发展一体化体制机制，着力在城乡规划、基础设施和公共服务等方面推进一体化，促进城乡要素平等交换和公共资源均衡配置，形成以工促农、以城带乡、工农互惠、城乡一体的新型工农、城乡关系；2017年，党的十九大正式提出"建立健全城乡融合发展体制机制和政策体系，加快推进农业农村现代化"。2019年5月，中共中央、国务院印发《关于建立健全城乡融合发展体制机制和政策体系的意见》，明确了城乡融合发展的指导思想、原则、目标和主要改革措施。在党的一系列战略举措指引下，经过全国人民的持续努力，到2020年底，我国常住人口城镇化率已经达到64%，城乡居民人均可支配收入比从2010年的2.99稳定下降到2020年的2.56，城乡面貌和综合服务功能显著提升，市政基础设施建设逐步延伸，城乡基本公共服务均等化加快推进，城乡差距不断缩小，正在逐步实现高水平融合。

从"城乡统筹"到"城乡一体化"，再到"城乡融合"，虽然角度不同，但本质上一脉相承。城乡统筹发展更多强调的是统筹的方式和作用，尤其是各级政府在资源合理配置和协调发展方面所起的作用；城乡一体化发展则是城乡发展的最终目标，通过统筹城乡规划布局、基础设施、产业发展、公共服务、环境保护和社会治理一体化，最终形成权利同等、生活同质、利益同享、生态同建、环境同治和城乡同

■推动城乡融合发展

荣的城乡发展共同体；城乡融合发展更加强调城乡发展过程中要素的相互流动和体制机制的创新。这充分反映了我们党对于城乡关系和发展认识的不断深化，深刻诠释了城市与乡村的关系：城市与乡村相互依存、相互融合、互促共荣，城市对乡村的发展具有引领、辐射和带动作用，乡村则为城市的发展提供重要的支撑，二者互补、互促、互利和互融，共同形成城乡发展共同体。

县域经济

县域经济是以县级行政区划为地理空间，域内各行各业、各级各类经济构成的总体经济活动，属于区域经济范畴。从其经济构成来看，县域经济包括了一、二、三产业；从县域经济的区域层次来看，它是由县城经济、集镇经济、乡村经济、企业和家庭经济等多层次经济构成；各部门、各层次之间的经济活动又是相互依存、相互制约的，并结合成为一个国民经济的综合性整体。

县域经济的发展史可以追溯到秦朝。秦置郡县，县成为我国行政区划的一个基本单位，也就有了县域经济。在2 000多年的传统小农经济时代，中国的县域经济相对单一。

新中国成立以后，县域经济获得了"两次解放"。第一次是20世纪50年代初期的土地改革，使农民成为土地的主人，翻身得解放，全身心投入新中国经济建设，1952—1958年，国民经济得到较快发展；第二次是始于20世纪70年代末的农村改革，使农民从人民公社的制度中解放出来，焕发出强大的生命力。改革开放后，中国县域经济进入发展的快速道，在发展模式上，20世纪80年代以乡镇企业为主导，20世纪90年代以"以地引资"为主导，进入21世纪，特别是党的十六大把"县域"和"县域经济"概念写入党的文件以后，壮大县域经济成为政策导向，县域经济进入以"经营城市"为主导的阶段。随着县域成为推动区域经济发展的中心，国家实施乡村振兴战略、推动农业农村现代化，农村经济获得了更多的政策倾斜、资金投入，迎来了"以工促农，以城带乡"发展县域经济的新阶段。《2019年县域经济高质量发展指数研究成果》显示，中国县域经济总量已达39.1万亿元人民币，约占全国的41%。

百强县是中国县域经济发展的代表和典型。1991年，根据国家统计局数据，首批中国农村经济实力百强县出炉，江苏省无锡县列首位。中郡研究所公布的"2020第二十届全国县域经济与县域综合发展前100名"名单显示，江苏省昆山市居首位。2019年，昆山的GDP总值约为4 045.06亿元，人均GDP约为24.26万元，超过中国大陆人均GDP最高城市深圳。

■随着县域成为推动区域经济发展的中心，农村经济获得了更多的政策倾斜、资金投入（黄智强 摄）

美好愿景，心驰神往；久久为功，致远行长

不断实现人民对美好生活的向往，不仅是亿万人民的共同心声，也是激励中国共产党人奋力前行的不竭动力。只有以"咬定青山不放松"的定力和持之以恒的毅力务实前行，才能达到持续、长久的发展。

心驰神往 形容思想集中在追求和向往的事情或地方上，一心向往。

久久为功 意为要持之以恒，锲而不舍，驰而不息。在古人看来，美好的品行离不开坚守。自我约束是儒家颇为注重的一种德行修养，唯有持之以恒，久久为功，坚守美好的德行，方能成仁。

知识条目

绿水青山就是金山银山

"绿水青山就是金山银山"是时任浙江省委书记习近平于2005年8月在浙江湖州安吉余村考察时提出的科学论断。2017年10月18日，习近平在十九大报告中指出，"坚持人与自然和谐共生"，"必须树立和践行绿水青山就是金山银山的理念，坚持节约资源和保护环境的基本国策"。2020年4月1日，在"绿水青山就是金山银山"提出15周年之际，习近平再次来到浙江余村考察，听取汇报后指出，要践行绿水青山就是金山银山发展理念，推进浙江生态文明建设迈上新台阶，把绿水青山建得更美，把金山银山做得更大，让绿色成为浙江发展最

动人的色彩。

作为习近平生态文明思想核心的绿水青山就是金山银山，即"两山论"，是习近平关于生态文明建设最为著名的科学论断之一，是习近平生态文明思想的独特价值和理念追求。2018年5月，全国生态环境保护大会正式确立习近平生态文明思想。会上，习近平同志首次提出了生态文明体系，涉及生态文化体系、生态经济体系、生态环境质量目标责任体系、生态文明制度体系和生态安全体系五大方面。绿水青山就是金山银山不仅写入党的十九大报告和修订后的《中国共产党章程》，成为党积极建设生态文明的党的意志，也是国家建设生态文明根本的思想遵循。作为一种新的绿色发展观、可持续发展思潮、人与自然和谐的方法论和实践论，在当代中国，已经妇孺皆知，家喻户晓，深入人心；在世界范围内也享誉四海。

党的十八大以来，以绿水青山就是金山银山为代表的新时代中国特色社会主义生态文明观，推动中国生态文明发生了历史性、转折性、全局性变化，为2035年生态环境根本好转、美丽中国建设目标基本实现奠定坚实基础，绘就崭新画卷。

■浙江安吉余村的绿色实践

保持"历史耐心"

"历史耐心"就是把我们要做或正在做的事情放到历史的长河中去大浪淘沙，经受历史的检验；放到历史的大坐标和大背景下去观照，经受历史的考验。

中国共产党成立以来，作出一个个伟大的历史性贡献，创造一笔笔丰厚的历史功绩，靠的正是历史耐心。党的十八大以来，习近平总书记在安徽小岗村召开的农村改革座谈会、2020年中央农村工作会议、审议雄安新区发展规划等重要场合，多次强调要保持"历史耐心"。实际上，那些具有标志性和里程碑意义的奋斗实践，如决胜全面建成小康社会、决战脱贫攻坚，都是发扬钉钉子精神、保持历史耐心持续推进的结果。

我国农村面广量大，城乡差距明显，农业基础薄弱，推进乡村全面振兴，很难毕其功于一役，必须要在"三农"工作中强调实事求是，梯次推进，不能"大跃进"、搞运动，一些制度性的安排不能朝令夕改，看准了就要坚持干，咬定青山不放松，尤其是深化农村改革要有信心更要有历史耐心。农村土地制度改革就是历史耐心的最好体现。改变当前分散的、粗放的农业经营方式是一个较长的历史过程，需要时间和条件，不能操之过急。很多"三农"问题要放在历史大进程中审视，一时看不清的不能急着动，比如农民的土地就不能随便动。农民工进城是个大趋势，但是要符合客观规律，一个是不能大呼隆推进，一个是不能把农民的土地收走。农民失去土地，如果在城镇待不住，就容易引发大问题。这在历史上有过深刻教训。在这个问题上，要有足够的历史耐心。习近平总书记指出："不管怎么改，不能把农村土地集体所有制改垮了，不能把耕地改少了，不能把粮食生产能力改弱了，不能把农民利益损害了。"稳妥审慎推进农村改革不能急，要有序推进，只要路子走对了，慢一点没有关系。对农村改革、对乡村振兴要有信心，更要有历史的耐心。

■望得见山、看得见水的故乡

不忘初心，牢记使命；情系三农，倾力担当

中国共产党人的初心和使命就是为中国人民谋幸福，为中华民族谋复兴，要始终铭记初心和使命。农业强不强，农村美不美，农民富不富，决定着亿万农民的获得感和幸福感。共产党人承载着农村改革的重任，也承载着亿万农民的希望，必须充满感情担当重任。

知识条目

不忘初心　牢记使命

为中国人民谋幸福，为中华民族谋复兴，是中国共产党人的初心和使命，是激励一代代中国共产党人前赴后继、英勇奋斗的根本动力。2017年，党的十九大明确把"不忘初心，牢记使命"作为中国共产党的时代主题。2019年，党中央作出了在全党开展"不忘初心、牢记使命"主题教育的重大决策。这次主题教育从2019年6月开始，自上而下分两批开展，是一场新时代深化党的自我革命、推动全面从严治党向纵深发展的生动实践。

开展"不忘初心、牢记使命"主题教育，根本任务是深入学习贯彻习近平新时代中国特色社会主义思想，锤炼忠诚、干净、担当的政治品格，团结带领全国各族人民为实现伟大梦想共同奋斗；总要求是守初心、担使命，找差距、抓落实；具体目标是理论学习有收获、思想政治受洗礼、干事创业敢担当、为民服务解难题、清正廉洁作表

率。具体任务是，一要坚持思想建党、理论强党，推动广大党员干部不断增强"四个意识"、坚定"四个自信"、做到"两个维护"；二要认真贯彻新时代党的建设总要求，以刮骨疗伤的勇气、坚忍不拔的韧劲，同一切影响党的先进性、弱化党的纯洁性的问题作坚决斗争，努力把我们党建设得更加坚强有力；三要继续教育引导广大党员干部把群众观点、群众路线深深植根于思想中、具体落实到行动上，着力解决群众最关心、最现实的利益问题，不断增强人民群众对党的信任和信心，筑牢党长期执政最可靠的阶级基础和群众根基；四要教育引导广大党员干部发扬革命传统和优良作风，团结带领人民把党的十九大绘就的宏伟蓝图一步一步变为美好现实。

作为在"三农"战线上奋斗的广大干部职工，要坚持以人民为中心，尊重农民主体地位和首创精神，切实保障农民物质利益和民主权利，以"为农民谋幸福、为乡村谋振兴"为我们追求和奋斗的根本目标，牢记我们肩负的乡村振兴光荣使命，把初心使命变成锐意进取、开拓创新的精气神和埋头苦干、真抓实干的自觉行动，敢于直面风险挑战，永远保持斗争精神，坚持农业农村优先发展总方针，推动党的"三农"路线、方针、政策在基层落地生根，推动解决农民群众反映的突出问题，尽快补齐农业农村发展短板，努力开创农业农村工作新局面，加快推进乡村全面振兴和农业农村现代化。

农村"三块地"改革

农村"三块地"是指农村的承包地、农村集体经营性建设用地和宅基地。这"三块地"事关农民的切身利益，是农村改革的核心。

农村土地集体所有，实行家庭承包经营，是我国农村基本政策。

改革开放前，我国农村普遍实行"一大二公"的人民公社体制，在"一穷二白"的基础上，有力地推动了工业化进程，但一定程度上也挫伤了亿万农民的生产积极性，影响了农村生产力发展。1978年年底，安徽凤阳县小岗村农民按下18个鲜红的手印，将集体土地包干到户，拉开了农村改革的序幕。家庭承包经营得到广大农民群众的拥护，并推动农村经营体制实现了根本性转变，以家庭承包经营为基础、统分结合的双层经营体制在我国逐步确立并不断得到巩固完善。1993年，宪法修正案规定，农村中的家庭联产承包为主的责任制，是社会主义劳动群众集体所有制经济。1999年宪法修正案明确规定"农村集体经济组织实行家庭承包经营为基础、统分结合的双层经营体制"。2003年实施的《中华人民共和国土地承包法》强调，依法保护农村土地承包关系的长期稳定，明确规定"承包期内，发包方不得调整承包地"。2008年，党的十七届三中全会决定强调，现有土地承包关系要保持稳定并长久不变。2019年11月，中共中央、国务院印发《关于保持土地承包关系稳定并长久不变的意见》，明确了"长久

■四川船形村村民参加
"土地确权坝坝会"

不变"的政策内涵，即"长久不变"是指保持土地集体所有、家庭承包经营的基本制度长久不变，保持农户依法承包集体土地的基本权利长久不变，保持农户承包地稳定。按照中央部署，自2014年起，全国用5年左右时间基本完成土地承包经营权确权登记颁证工作，2019年开展了"回头看"，将15亿亩承包地确权给承包农户，2亿多农户签订了承包合同，领到了土地承包经营权证书。

农村集体经营性建设用地指属于农民集体所有的工矿仓储用地、商服用地等经营性用途的存量用地。农村集体经营性建设用地入市改革，就是农民集体以土地所有者身份通过公开的土地市场，依法将农村集体经营性建设用地使用权在一定期限内以出让、出租等有偿方式交由单位或者个人使用的行为。2015年1月，中办、国办联合印发《关于农村土地征收、集体经营性建设用地入市、宅基地制度改革试点工作的意见》，提出要完善农村集体经营性建设用地产权制度，赋予农村集体经营性建设用地出让、租赁、入股权能；明确农村集体经营性建设用地入市范围和途径；建立健全市场交易规则和服务监管制度。2015年2月27日，十二届全国人大常委会第十三次会议审议通过《关于授权国务院在北京市大兴区等三十三个试点县（市、区）行政区域暂时调整实施有关法律规定的决定》，正式启动集体经营性建设用地入市制度改革试点工作。试点工作于2015年启动，2019年年底结束。5年来，试点地区取得了一批可复制、易推广、利修法的制度性成果。2020年新修订的《中华人民共和国土地管理法》明确提出，农村集体经营性建设用地可以入市交易，从法律层面为农村土地流转、构建城乡统一建设用地市场扫清了制度障碍，是集体经营性建设用地改革的重大制度创新。

农村宅基地是指农村村民基于本集体经济组织（行政村或生产

队）成员身份而享有的可以用于修建住宅的集体建设用地，农民无须交纳任何土地费用即可取得，具有福利性质和社会保障功能，一般不能单独继承。但宅基地上建成的房屋，则属于村民个人财产，可以依法继承。村民只有宅基地使用权，没有所有权。宅基地是保障农民安居乐业和农村社会稳定的重要基础。

宅基地改革事关农民群众的切身利益，农民群众非常关心。2013年11月，党的十八届三中全会通过《关于全面深化改革若干重大问题的决定》，提出保障农户宅基地用益物权，改革完善农村宅基地制度，选择若干试点，慎重稳妥推进农民住房财产权抵押、担保、转让，探索农民增加财产性收入渠道；建立农村产权流转交易市场，推动农村产权流转交易公开、公正、规范运行。2015年，15个县（市、区）启动了农村宅基地制度改革试点，2017年扩大至33个县（市、区）。试点地区按照"依法公平取得、节约集约使用、自愿有偿退出"的目标要求，围绕"两探索、两完善"，即完善宅基地权益保障和取得方式、探索宅基地有偿使用制度、探索宅基地自愿有偿退出机制、完善宅基地管理制度开展，取得了积极进展。2020年中央一号文件要求，以探索宅基地所有权、资格权、使用权"三权"分置为重点，进一步深化农村宅基地制度改革试点。同年6月30日，习近平总书记主持召开中央全面深化改革委员会第十四次会议，审议通过了《深化农村宅基地制度改革试点方案》。9月29日，中央农办、农业农村部在全国104个县（市、区）和3个地级市启动实施新一轮农村宅基地制度改革试点。新一轮改革试点围绕宅基地所有权、资格权、使用权"三权"分置，在9个方面探索完善宅基地分配、流转、抵押、退出、使用、收益、审批、监管等制度的方法路径，总结一批可复制、能推广、惠民生、利修法的制度创新成果，为完善农村宅基地制度提供实践经验。

农村集体土地确权登记颁证

土地是一切自然资源中最基本的资源，更是生产、生活资料、财富的来源。对于亿万农民来说，土地是他们最重要的生产资料。同时，土地也是中国共产党开展农业农村工作的主线。开展农村集体土地确权登记发证，就是对农村集体土地的所有权和使用权（包括土地承包经营权、宅基地使用权、农村集体建设用地使用权等）等土地权利进行确权登记发证。这是深化农村改革、维护广大农民切身利益、促进城乡统筹发展和农村社会和谐稳定的基础性工作，也是激活土地要素、使广大农民更好行使自己财产权利、夯实农业农村发展基础的前提。

党中央、国务院高度重视农村集体土地的确权登记颁证工作。2008年10月，党的十七届三中全会明确提出，"搞好农村土地确权、登记、颁证工作"。此后多年的中央一号文件都对此作出了部署和要求。2010年中央一号文件提出，"加快农村集体土地所有权、宅基地使用权、集体建设用地使用权等确权登记颁证工作，工作经费纳入财政预算。力争用3年时间把农村集体土地所有权证确认到每个具有所有权的农民集体经济组织。"按照这一要求，国土资源部、财政部、农业部于2011年联合下发了《关于加快推进农村集体土地确权登记发证工作的通知》（国土资发〔2011〕60号），对加快推进农村集体土地确权登记发证工作进行了部署，明确了工作的定位、范围、主体等一系列内容，要求农村集体土地所有权确权登记发证要覆盖到全部农村范围内的集体土地，包括属于农民集体所有的建设用地、农用地和未利用地。

在党中央、国务院的坚强领导下，经过各地各部门不懈努力，到

2013年5月底，全国农村集体土地所有权登记发证率为97%，基本完成农村集体土地所有权的确权登记发证任务。在此基础上，2013年中央农村工作会议提出，建立土地承包经营权登记制度，是实现土地承包关系稳定的保证，要把这项工作抓紧抓实，真正让农民吃上"定心丸"。2014年中央明确要求，用5年左右时间基本完成土地承包经营权确权登记颁证工作。截至2018年年底，全国基本完成相关工作。2019年中央一号文件提出开展"回头看"，做好收尾工作。通过6年集中开展承包地确权登记颁证，目前累计完善土地承包合同2亿多份，颁发证书2亿本，涉及承包耕地15亿亩，颁证率达到96%。

与此同时，2014年《不动产登记暂行条例》颁布后，农村宅基地和集体建设用地使用权的确权登记颁证工作按照"不动产统一登记"原则加快推进。《不动产登记暂行条例实施细则》也明确规定，对于已分别颁发宅基地、集体建设用地使用权证书和房屋所有权证书的，遵循"不变不换"原则，原证书仍合法有效。2021年年底，宅基地和集体建设用地及房屋登记资料清理整合完成，农村地籍调查和不动产登记数据成果逐级汇交至国家不动产登记信息管理基础平台。

■贵州党民村举行土地确权颁证仪式

惠农政策，阳光普照；农民创造，领航有党

　　改革开放以来，党和国家出台了一系列更直接、更有力的强农惠农富农政策，采取了一系列切实可行的改革措施，给农民带来"真金白银"的实惠。党对"三农"的坚强领导对各项工作的有序开展起到了稳舵领航的作用，充分调动了广大农民的积极性和创造力，农业农村各项事业取得新的进展，广大农村呈现出良好的发展局面。

　　惠农政策 指党和国家为了支持农业的发展、推动农村的可持续发展、提高农民的经济收入和生活水平，对农业、农村和农民给予的政策倾斜和优惠。

知识条目

强农惠农富农政策

　　改革开放以来，中国共产党始终坚持以人民为中心的发展思想，颁布实施了一系列强化农业、惠及农村、富裕农民的方针政策。20世纪70年代末80年代初，我国农村掀起了一场以家庭联产承包责任制为基础、统分结合的农村管理体制的变革，开启了具有中国特色的强农富农惠农政策发展新征程。1982—1986年，连续发布的5个中央一号文件，极大地调动了广大农民的生产积极性，推动和解放了农村生产力。

　　进入21世纪，坚持"多予少取放活"的方针，增加农民收入，

惠农政策逐渐完善。从2000年开始，中国共产党逐步制定并实施了农村税费改革、逐步取消农业税、"工业反哺农业"以及向农民进行补贴的一系列支农惠农政策，切实减轻农民负担。2002年开始试行粮食直补政策。自2006年起，《中华人民共和国农业税条例》被全面废止。2005年10月，党的十六届五中全会提出了要按照"生产发展、生活宽裕、乡风文明、村容整洁、管理民主"的要求，扎实推进社会主义新农村建设，这一重大的政策决策，让农村、农业、农民得到了极大的实惠。

党的十八大以来，以习近平同志为核心的党中央坚持以人民为中心的发展思想，坚持农业农村优先发展，提出了一系列强农惠农富农的新理念新思想新战略，出台了一系列涉农新措施，实现了强农惠农富农政策发展的新跨越。党的十八大作出"推动城乡发展一体化"和"加大强农惠农富农政策力度"等战略安排，新农村建设持续推进。党的十九大报告提出"实施乡村振兴战略"，为"农业强、农村美、农民富"目标的实现夯实了政策基础。同时，经过艰苦卓绝的奋斗，中国的脱贫攻坚战取得了全面胜利，实现了第一个百年奋斗目标。

2021年6月，《农民文摘·2021强农富农惠农政策专刊》出版，刊登了农业农村部政策与改革司整理的69项"2021年国家强农惠农富农政策措施"，强农、惠农、富农成为政策主调，全力支持"三农"发展。

2021年国家强农富农惠农政策措施（69项）

农业支持保护	资源环境保护	产业发展	农村改革及其他
耕地地力保护补贴政策	国家农业绿色发展先行区建设政策	农村创业创新支持政策	农村承包地"三权"分置政策

（续）

农业支持保护	资源环境保护	产业发展	农村改革及其他
加强高标准农田建设支持政策	绿色高质高效行动政策	休闲农业和乡村旅游发展支持政策	保持土地承包关系稳定并长久不变政策
农机购置补贴政策	农村人居环境整治支持政策	乡村特色产业发展支持政策	加强农村宅基地管理政策
农机报废更新补贴政策	耕地轮作休耕制度试点政策	农村一二三产业融合发展用地保障政策	推进农村集体产权制度改革政策
农机安全监理免费政策	长江经济带和黄河流域农业面源污染治理支持政策	农产品初加工税收减免政策	农村改革试验区建设支持政策
农机深松整地作业补助政策	长江"十年禁渔"政策	农产品产地冷藏保鲜设施建设支持政策	农垦危房改造政策
农产品质量安全县创建支持政策	退化耕地治理试点政策	农业产业强镇建设发展支持政策	村级公益事业一事一议财政奖补政策
产粮(油)大县奖励政策	东北黑土地保护利用政策	现代农业产业园建设支持政策	高素质农民培育政策
生猪(牛羊)调出大县奖励政策	东北黑土地保护性耕作作业补助政策	农业现代化示范区建设支持政策	培养乡村振兴人才政策
稳定生猪生产政策	农作物秸秆综合利用支持政策	推进农业对外合作园区建设政策	基层农技推广改革与建设补助政策
小麦、稻谷最低收购价政策	化肥、农药减量增效支持政策	农业国际贸易高质量发展基地建设政策	
东北玉米和大豆生产者补贴政策	种养结合循环农业试点政策	脱贫地区特色产业持续发展支持政策	
新疆棉花目标价格补贴政策	废弃农膜回收利用试点政策	脱贫地区产销对接支持政策	

（续）

农业支持保护	资源环境保护	产业发展	农村改革及其他
动物防疫补助政策	草原生态利用补助奖励政策	农业电子商务发展支持政策	
农业保险支持政策	畜禽粪污资源化利用政策	发展多种形式适度规模经营政策	
财政支持建立完善全国农业信贷担保体系政策		扶持家庭农场发展政策	
推进现代种业发展支持政策		扶持农民合作社发展政策	
良种推广政策		扶持农业产业化发展政策	
地理标志农产品保护政策		加快发展农业社会化服务政策	
		粮改饲试点支持政策	
		振兴奶业支持苜蓿发展政策	
		支持肉牛肉羊发展政策	
		蜂业质量提升政策	
		渔业资源保护补助政策	
		渔业发展补助政策	

农业专业化社会化服务体系

农业专业化社会化服务体系是指为农业全产业链提供专业化社会化服务的各类主体及其功能的总和，主要包括政府提供的公益性农业专业化社会化服务、经济组织提供的经营性农业专业化社会化服务以及社会组织提供的农业专业化社会化服务。农业专业化社会化服务是各类社会经济组织和个人为农林牧渔各产业提供的产前、产中、产后相关的服务。

"大国小农"是我国的基本国情农情，当前小农户耕种土地占全国耕地面积近七成。随着农村劳动力的老龄化、兼业化问题日益突出，农民干不了、干不好、不愿干的农事环节越来越多，"谁来种地、怎么种好地"成为亟待破解的难题，迫切需要加快发展农业专业化社会化服务。2017年，习近平总书记提出"把小农生产引入现代农业发展轨道"。2018年，他强调，"我们不可能各地都像欧美那样搞大规模农业、大机械作业，多数地区要通过健全农业社会化服务体系，实现小规模农户和现代农业发展有机衔接"。党的十九大提出要健全农业社会化服务体系；十九届五中全会进一步明确要健全农业专业化社会化服务体系。

为贯彻落实习近平总书记重要指示批示精神和中央决策部署，近年来，农业农村部以培育战略性大产业为目标，以生产托管为抓手，聚焦粮食等大宗农产品生产、聚焦关键薄弱环节、聚焦服务小农户，积极培育主体，创新服务模式，推进资源整合，完善支持政策，强化

■红旗合作社农业社会化服务现场会

行业管理，大力推进农业专业化社会化服务发展。2017年，农业部、财政部会同国家发展改革委印发《关于加快发展农业生产性服务业的指导意见》，就推进农业生产性服务业发展进行了全面部署。2019年，推动中共中央办公厅、国务院办公厅印发《关于促进小农户和现代农业发展有机衔接的意见》，要求健全面向小农户的社会化服务体系，发展农业生产性服务业，加快推进农业生产托管服务。

农业生产托管指农户等经营主体在不流转土地经营权的条件下，将农业生产中的耕、种、防、收等全部或部分作业环节委托给农业社会化服务组织完成的农业经营方式，通俗地说就是"帮农民种地"。生产托管是当前农业服务业服务农业、农民的重要方式，是服务型规模经营的主要形式。发展以生产托管为主的农业专业化社会化服务，让专业的人干专业的事，有利于促进农业节本增效和农民增收，推动农业高质量发展。2017—2020年，中央财政共安排专项资金155亿元支持以生产托管为主的农业社会化服务发展。截至2020年年底，全国各类服务组织超过90万个，生产托管服务面积超过16亿亩次，其中，服务粮食作物面积超过9亿亩次，服务带动小农户超7 000万户。

农村人居环境整治

农村人居环境整治是以习近平同志为核心的党中央从战略和全局的高度作出的重大决策部署，包括整治提升村容村貌、推进农村生活垃圾治理、推进农村生活污水治理、推进农村"厕所革命"、推进农业生产废弃物资源化利用、完善建设和管护机制、加强村庄规划工作等重点任务。

2017年11月，习近平总书记主持召开十九届中央全面深化改革领导小组第一次会议，审议通过《农村人居环境整治三年行动方案》。2018年1月，中共中央办公厅、国务院办公厅印发《农村人居环境整治三年行动方案》。

习近平总书记指出，农村环境整治这个事，不管是发达地区还是欠发达地区都要搞，标准可以有高有低，但最起码要给农民一个干净整洁的生活环境。要结合实施农村人居环境整治三年行动计划和乡村振兴战略，进一步推广浙江好的经验做法，因地制宜、精准施策。2018年以来，连续3年中央一号文件都对农村人居环境整治进行部署。2018年12月，中共中央办公厅、国务院办公厅转发了《中央农办、农业农村部、国家发展改革委关于深入学习浙江"千村示范、万村整治"工程经验扎实推进农村人居环境整治工作的报告》，要求各地区各部门结合实际认真贯彻落实。2020年10月，党的十九届五中全会提出，实施乡村建设行动，因地制宜推进农村改厕、生活垃圾处理和污水治理，改善农村人居环境。2020年12月，习近平总书记在中央农村工作会议上指出，要接续推进农村人居环境整治提升行

■生态宜居的村庄

动，因地制宜推进农村改厕、生活垃圾处理和污水治理，改善农村人居环境。

近年来，农村人居环境整治取得重大阶段性成效。农村长期存在的脏乱差局面得到扭转，绝大多数村庄基本实现干净整洁有序，农民群众环境卫生观念发生可喜变化，农民群众满意度明显提升。截至2020年年底，全国农村卫生厕所普及率超过68%，对农村生活垃圾进行收运处理的行政村比例超过90%，农村生活污水治理率达25.5%，95%以上的村庄开展了清洁行动，一大批村容村貌明显改善。

农村"厕所革命"

农村"厕所革命"是农村人居环境整治的重要内容，是增强农民获得感、幸福感的重要举措。2014年12月，习近平总书记在江苏调研时表示，解决好厕所问题在新农村建设中具有标志性意义，要因地制宜做好厕所下水道管网建设和农村污水处理，不断提高农民生活质量。2015年7月，习近平总书记在吉林省延边朝鲜族自治州调研时指出，要来个"厕所革命"，让农村群众用上卫生的厕所。

2017年11月，习近平总书记指出，厕所问题不是小事情，是城乡文明建设的重要方面，不但景区、城市要抓，农村也要抓，要把这项工作作为乡村振兴战略的一项具体工作来推进，努力补齐这块影响群众生活品质的短板。2018年1月，中共中央办公厅、国务院办公厅印发《农村人居环境整治三年行动方案》，提出开展厕所粪污治理，合理选择改厕模式，推进厕所革命。2018年9月，中共中央、国务院印发《乡村振兴战略规划（2018—2022年）》，提出实施"厕所革命"，结合各地实际普及不同类型的卫生厕所，推进厕所粪污无害化处理和资源化利用。2018年以来，连续3年中央一号文件都对农村"厕所革命"进行部署。

2019年1月，中央农办、农业农村部等8部门印发《关于推进农村"厕所革命"专项的指导意见》，提出农村"厕所革命"的思路目标、基本原则、重点任务和保障措施。2019年7月，中央农办、农业农村部等7部门印发《关于切实提高农村改厕工作质量的通知》，强调要严把农村改厕领导挂帅关、分类指导关、群众发动关、工作组织关、技术模式关、产品质量关、施工质量关、竣工验收关、维修服务关、粪污收集利用关"十关"。2020年6月，农业农村部等3部门印发《关于进一步提高农村改厕工作实效的通知》，强调要充分尊重农民意愿、找准适用技术模式、严格执行标准规范、公开透明实施奖补工作、建立健全运行维护机制等。

■农村"厕所革命"

截至 2020 年年底，全国农村卫生厕所普及率达 68% 以上，农村"厕所革命"取得积极进展，农村人居环境明显改善，农民群众获得感、幸福感不断提升。

中国农民的首创精神

中国农民是一个富有创造性的群体。农村改革 40 多年来，农民一直是创造的主体，实行家庭联产承包、发展乡镇企业、农民工进城、土地流转、"三权"分置等都源于农民的创造。

中国的改革是由农民开启的。1978 年小岗村 18 名农民搞起了"大包干"，开启了农村改革的进程。如今，深化改革已成为全社会共识。邓小平曾经说，中国的改革是从农村开始的。农村改革进而又启发了城市改革，带动了整个国家的改革。乡镇企业的异军突起是农民的又一创举。邓小平曾指出，农村改革中我们完全没有料到的最大收获就是乡镇企业发展起来了，突然冒出搞多种行业，搞商品经济，搞各种小型企业，异军突起。这不是我们中央的功绩。乡镇企业是农民的创造，它的发展出乎意料，很快被肯定了下来。

当前，我国实现了第一个百年奋斗目标，正朝着第二个百年奋斗目标迈进。在全面实施乡村振兴战略，推动农业农村现代化的征程中，面对发展中的"不平衡""不充分"，我们不能忘了农民是最重要的主体，要把他们的积极性创造性调动出来。要肯定农民的创造精神，尊重农民的主体地位，让亿万农民与全国人民平等参与现代化进程、共同分享现代化成果。乡村振兴干什么，怎么干，政府可以引导和支持，但不能代替农民决策，更不能违背农民意愿搞强迫命令。即使是办好事，也要让农民群众想得通。

《中国共产党农村工作条例》

党管农村工作是我们的传统，在革命、建设、改革各个历史时期，中国共产党都把解决好"三农"问题作为关系党和国家事业全局的根本性问题，始终牢牢掌握党对农村工作的领导权。2018年中央一号文件明确要求研究制定中国共产党农村工作条例，把党领导农村工作的传统、要求、政策等以党内法规形式确定下来。《中央党内法规制定工作第二个五年规划（2018—2022年）》也对此作出了部署。

为坚持和加强党对农村工作的全面领导，贯彻党的基本理论、基本路线、基本方略，深入实施乡村振兴战略，提高新时代党全面领导农村工作的能力和水平，根据《中国共产党章程》，经2019年6月24日中共中央政治局会议审议，中共中央于2019年8月发布《中国共产党农村工作条例》，自2019年8月19日起施行。

制定《中国共产党农村工作条例》（简称《条例》），是继承和发扬党管农村工作优良传统、实施乡村振兴战略、加快推进农业农村现代化的重要举措。这是中国共产党首次专门制定关于农村工作的党内法规，充分体现了以习近平同志为核心的党中央对农村工作的高度重视。《条例》把党管农村工作的总体要求细化成具体的规定，实现了有章可循、有法可依，从制度机制上把加强党的领导落实到了"三农"各个方面、各个环节，对于加强党对农村工作的全面领导，巩固党在农村的执政基础，确保新时代农村工作始终保持正确政治方向具有十分重要的意义。

■《中国共产党农村工作条例》

五级齐抓，各界相助；撸袖奋斗，实干兴邦

要下大气力抓好"三农"工作，强化五级书记一起抓乡村振兴，当好"一线总指挥"，全党全社会共同行动起来。14亿人民和衷共济，大家撸起袖子加油干，将美好愿景付诸实际，展现出新时代中国的精气神。

撸起袖子加油干 出自习近平2017年新年贺词。"撸起袖子加油干"，是时代赋予我们这一代人的使命，更是我们对未来作出的承诺。

空谈误国，实干兴邦 只是泛泛地讨论国家大事，终究会耽误国家发展，只有真正脚踏实地地做事，才能使国家兴盛。也就是说，不要纸上谈兵，要将计划付诸实际。

知识条目

五级书记抓乡村振兴

五级书记抓乡村振兴是指省、市、县、乡、村五级党组织书记共同抓乡村振兴。

2018年7月，习近平总书记对实施乡村振兴战略作出重要指示强调，实施乡村振兴战略，是党的十九大作出的重大决策部署，是新时代做好"三农"工作的总抓手。各地区各部门要充分认识实施乡村振兴战略的重大意义，把实施乡村振兴战略摆在优先位置，坚持五级书

记抓乡村振兴，让乡村振兴成为全党全社会的共同行动。党政一把手是第一责任人，五级书记抓乡村振兴。县委书记要下大气力抓好"三农"工作，当好乡村振兴"一线总指挥"。各部门要按照职责，加强工作指导，强化资源要素支持和制度供给，做好协同配合，形成乡村振兴工作合力。

2021年中央一号文件指出，全面推进乡村振兴的深度、广度、难度都不亚于脱贫攻坚，必须采取更有力的举措，汇聚更强大的力量。要强化五级书记抓乡村振兴的工作机制。省、市、县级党委要定期研究乡村振兴工作。县委书记应当把主要精力放在"三农"工作上。建立乡村振兴联系点制度，省、市、县级党委和政府负责同志都要确定联系点。开展县乡村三级党组织书记乡村振兴轮训。

乡村建设行动

乡村建设行动是实施乡村振兴战略的重要任务，也是国家现代化建设的重要内容。2020年10月，党的十九届五中全会通过的《中共中央关于制定国民经济和社会发展第十四个五年规划和二〇三五年远景目标的建议》提出，实施乡村建设行动，把乡村建设摆在社会主义现代化建设的重要位置。此后的中央农村工作会议和2021年中央一号文件，对实施乡村建设行动作出总体部署。

建设什么样的乡村、怎样建设乡村，是近代以来中华民族面对的一个历史性课题。新中国成立前，梁漱溟、晏阳初等有识之士在局地开展了乡村建设运动试验。社会主义革命和建设时期，中国共产党领导农民大兴农田水利，大办农村教育和合作医疗。改革开放以来，统筹城乡发展，改善农村基础设施，发展农村社会事业，建设社会主义新农村，农村面貌发生翻天覆地的变化。党的十八大以来，加快建设美丽宜居乡村，深入推进城乡发展一体化，农村生产生活条件明显改善，广大农民得到了实实在在的实惠。

习近平总书记强调，城乡差距大最直观的是基础设施和公共服务差距大。推进农村现代化，重点难点是农村基础设施和公共服务的现代化。目前，农村基本生活设施还不健全，教育、医疗卫生、养老等服务质量还不高，一些村庄有新房没新村、有新村没新貌。"十四五"时期，要大力实施乡村建设行动，统筹县域城镇和村庄规划建设，继续把公共基础设施建设的重点放在农村，在推进城乡基本公共服务均等化上持续发力，接续推进农村人居环境整治提升行动，努力实现城乡居民生活基本设施大体相当，让农民在乡村也能享受到和城市差不多的基础设施和公共服务。

■安徽省潜山县黄铺村实施乡村建设行动，推进人居环境整治

"一懂两爱""三农"干部

2017年，党的十九大提出要"培养造就一支懂农业、爱农村、爱农民的'三农'工作队伍"。2018年12月，习近平总书记在对做好"三农"工作的重要指示中要求"加强懂农业、爱农村、爱农民农村工作队伍建设"。2019年的中央一号文件再次强调"培养懂农业、爱农村、爱农民的'三农'工作队伍"。"一懂两爱"成为习近平总书记和党中央对"三农"干部队伍的殷切期望，也是农业干部的本色特质和基本要求。"一懂两爱""三农"工作队伍是实施乡村振兴战略的重要支撑，这个队伍既包含广大各级"三农"干部，又包含乡村振兴所需要的各类人才。

懂农业，就要成为"三农"工作的行家里手。要不断提升政策理论水平，深入学习党的理论、路线、方针、政策，特别是党的十九大提出的新思想、新论断、新观点、新要求，学深悟透习近平"三农"思想，在大局下谋划、在大局下行动，确保中央的决策部署、政策措施落到实处。要不断提升专业素养，优化知识结构，始终保持专业精神和创新精神，不断丰富"三农"专业知识和实践经验。要深入研究农业农村发展的新情况、新问题，提出科学合理的政策建议，拿出务实管用的措施办法。

爱农村，就要为乡村谋振兴。要树立起建设美丽家乡、投身伟大事业的自豪感和使命感，在推动农村产业发展、改善生产生活环境等工作中建功立业。

爱农民，就要为农民谋幸福。要带着感情做"三农"工作，把农民群众当亲人，多关心农民疾苦，多帮助农民增收，多向农民学习，多从农民角度研究政策。

见证历史，开创未来；再接再厉，谱写新章

中国已经改天换地，中国"三农"也已翻天覆地！见证了中华民族从站起来、富起来到强起来的伟大飞跃，进入新时代新征程，我们更要奋发努力开创更美好的未来，谱写中国特色社会主义现代化的新篇章。

再接再厉 接，接战；厉，磨快，引申为奋勉，努力。指公鸡相斗，每次交锋前先磨一下嘴。比喻继续努力，再加一把劲。出自唐韩愈《斗鸡联句》："一喷一醒然，再接再砺乃。"

知识条目

《中华人民共和国乡村振兴促进法》

党的十九大提出实施乡村振兴战略，要求农业农村优先发展。2018年，中央一号文件《关于实施乡村振兴战略的意见》，提出"把行之有效的乡村振兴政策法定化，充分发挥立法在乡村振兴中的保障和推动作用"。全国人大常委会贯彻落实党中央决策部署，将制定乡村振兴促进法列入十三届全国人大常委会立法工作。全国人大农业与农村委员会组织农业农村部等20多个部门，深入调研、广泛征求意见、反复研究修改形成《中华人民共和国乡村振兴促进法（草案）》，草案经过多次评估、审议，2021年4月29日，十三届全国人大常委

会第二十八次会议以166票赞成，2票弃权的高票表决通过，于2021年6月1日起正式施行。

乡村振兴促进法着眼于促进。2018年中央一号文件中提出"抓紧研究制定乡村振兴法的有关工作"，但在法律立项时，经过前期立法调研和征求意见，认为现阶段乡村发展和工农城乡关系还处在调整过程中，直接制定乡村振兴法条件尚不具备、时机不够成熟，经过反复研究，最终定位为一部"促进法"，从促进的角度规范乡村振兴的各项制度，不取代农业法等其他涉农法律，在具体内容上注重与其他涉农法律规定的有效衔接和补充。

乡村振兴促进法是第一部以"乡村振兴"命名的基础性、综合性法律，对乡村振兴的总目标、总方针、总要求作出明确规定，把实施乡村振兴战略必须遵循的重要原则、重要制度、重要机制固定下来，阐明了乡村振兴往哪里走、怎么走、跟谁走等重大问题，共计10章，74条，为做好新发展阶段"三农"工作提供了法治遵循。

农业农村现代化的愿景

按照党的十九大提出的决胜全面建成小康社会、分两个阶段实现第二个百年奋斗目标的战略安排，2017年中央农村工作会议明确了实施乡村振兴战略的目标任务：到2020年，乡村振兴取得重要进展，制度框架和政策体系基本形成；到2035年，乡村振兴取得决定性进展，农业农村现代化基本实现；到2050年，乡村全面振兴，农业强、农村美、农民富全面实现。

2021年中央一号文件指出，到2025年，农业农村现代化取得重要进展，农业基础设施现代化迈上新台阶，农村生活设施便利化初步实现，城乡基本公共服务均等化水平明显提高。农业基础更加稳固，粮食和重要农产品供应保障更加有力，农业生产结构和区域布局明显优化，农业质量效益和竞争力明显提升，现代乡村产业体系基本形成，有条件的地区率先基本实现农业现代化。脱贫攻坚成果巩固拓展，城乡居民收入差距持续缩小。农村生产生活方式绿色转型取得积极进展，化肥农药使用量持续减少，农村生态环境得到明显改善。乡村建设行动取得明显成效，乡村面貌发生显著变化，乡村发展活力充分激发，乡村文明程度得到新提升，农村发展安全保障更加有力，农民获得感、幸福感、安全感明显提高。

通俗来讲，可以用"三个让"来描绘这一美好的愿景：一是要让农业成为有奔头的产业，二是要让农民成为有吸引力的职业，三是让农村成为安居乐业的美丽家园。

■苏垦农发岗埠分公司刚收获的稻谷齐齐铺开，翻粮车在金黄的场面上来回穿梭，划出一道道优美的线条，谱写金秋的丰收乐章（徐卫 摄）

附录1 · FULU 1

中华农耕史大事记[*]

公元前10000年—公元前2070年
（原始社会时期）

距今约1万年，生活在江西万年仙人洞的原始居民开始人工种植水稻。

距今约1万年，北京周口店"山顶洞人"的捕捞物中有长达80厘米的草鱼和河蚌，证明此时已有原始渔业。

距今约8000年，位于今内蒙古自治区赤峰市敖汉旗的兴隆沟遗址，发现碳化的粟和黍，专家鉴定后认为这些谷物是栽培的遗存，说明原始居民已种植黍，还出土了陶器、石器、玉器、骨器、蚌器等农具和生活器具。

距今7000年至1.2万年，生活在广西桂林甑皮岩的原始居民已使用短柱形石加工谷物，并可能开始养猪。

距今7000年至8000年，生活在黄河流域的河南新郑裴李岗和河北磁山的原始居民已使用石铲松土，石镰收割，石磨盘、石磨棒加工农作物，同时饲养猪、羊，种植粟，能利用自然界的原料制作衣物，并出现了储藏谷物的地窖。

距今约7000年，浙江余姚河姆渡原始居民发明纺织机具，人工栽培水稻，渔猎，使用工具加工食物，使用骨耜帮助生产，并已学会了造井。

＊根据《中国农业发展简史》《中国农业通史》《丰收——献给孩子的农耕文明画卷》等资料编写。

距今5 000年至6 000年，生活在西安半坡的原始居民除了种植粟和白菜，还饲养猪、狗、鸡等牲畜。

距今约5 000年，生活在黄河流域的原始居民已学会养蚕和织造丝绸（青台遗址）。

距今4 000年至5 000年，牛、马被驯化。

距今约4 000年，小麦出现在中国的西北地区。后传入中国古代文明的核心区域——黄河中下游地区。"五谷"出现，并成为主要农作物（新疆孔雀河）。

公元前2070年—公元前221年
（夏商周至春秋战国时期）

距今约4 000年，夏禹治水，创造了原始农田灌溉的沟渠——沟洫。

距今约4 000年，中国进入"铜器时代"，开始出现青铜农具。

距今约4 000年的夏禹时期，女官仪狄发明了酿酒；另一说法是夏代国君杜康发明了酿酒术，故杜康也被后世奉为酒神。

夏，出现了最早的农业税——贡，亦称贡纳制度。

商，统治者注意林木保护，开始设置管理山林资源的官吏——山虞。

商，出现三人一组的协田耕作方式，西周出现二人执器的耦耕，后又发明了垄作，农业由粗放的原始农业向精耕细作为主要特征的中国传统农业过渡。

西周，统治者重视农业生产，每年举行"籍田"大礼，重农思想形成。

西周，人们开始培育不同品种的农作物，并选育良种——嘉种，作为来年的种子。

西周，经济林木桑树、漆树以及桃、李、梨、枣、梅、杏、柑橘等果树被广泛栽培。

西周，承袭夏商时代的井田制，将田地划成九块，形似"井"字；中间一块为公田，周围八块为私田。私田的收入归耕户所有，公田由耕户共耕，收入归贵族所有。

西周，出现专门防治害虫的官吏，并开始采用烟熏、火攻等方法防治害虫。

西周，出现"掌疗兽病，疗兽疡"的兽医，相畜术、去势术等养殖技术得到发展。

西周，人们利用圭表测影的方法，确定了春分、夏分、秋分、冬至这4个重要的节气。

夏商至春秋，出现记录农时和农事的物候历书——《夏小正》。

春秋，鲁国实行初税亩，即按亩收取一定量的实物作为税收，这是中国赋税制度史上的一大变革。

春秋，吴国为伐齐国而开凿邗沟，即京杭大运河的前身淮扬运河。

春秋战国，用来提水和灌溉农田的桔槔和辘轳出现。

春秋战国，铁农具问世并逐步普及，成为主要的生产工具。

春秋战国，出现牛耕和铁犁，这项技术促进了当时的农业大发展，并在农业生产中一直延续使用了2 000多年。

春秋战国，出现专业兽医。

春秋战国，农田水利工程的兴建进入高潮，期思陂、芍陂、漳水十二渠、都江堰、郑国渠等大型农田水利工程相继建成。

春秋战国，开始使用当时世界上最先进的耕作方法——垄作法。

战国，废井田，开阡陌，土地开始私有化。

公元前221年—公元220年
（秦汉时期）

秦始皇时期，兴建了用于航运的灵渠，使附近农田得到了灌溉之利。

秦，建立中央集权，设立县，出现最早的"县域经济"。

秦统一天下后，迁徙民众戍边，从事农业生产。汉初，国家大规模推行屯田，发动大量民众和军队在边郡从事农业生产。

秦朝，重徭厚赋，民不聊生，汉朝建立后，为了迅速恢复农业生产，采用轻徭薄赋、去苛缓刑等休养生息的政策。

秦代成书的《吕氏春秋》的《上农》四篇是目前唯一保存至今的有关先秦农业生产的文章。

秦汉，铁制工具更加专业化、多样化，牛耕技术得到普及。

秦汉，实行重农抑商政策，并逐渐制度化、政策化，大力发展农业生产。

秦汉，国家土地所有制、地主土地所有制、小土地所有制（土地自耕）等三种土地制度并存，维持中央集权国家的运转。

秦汉，土地轮作复种已经非常明显，一年一熟成为主流，两年三熟制度出现在比较肥沃与灌溉条件好的地块上。

西汉氾胜之作《氾胜之书》，此书是中国现存最早的独立农书。

西汉武帝时，赵过发明用于播种的三脚耧。

西汉武帝时，二十四节气成为指导生产与生活的共同历法。

西汉武帝征讨匈奴后，大量徙民西北，屯田垦殖，修建水利工程，西北农田水利得以全面发展，出现了河套、河西、河湟和西域四个大的灌溉农区。

西汉武帝时，赵过推广代田法：在农田开沟作垄，将农作物种在沟里，中耕除草时，逐步将垄土培到沟中的苗根上；次年，垄沟位置互换，使土地轮番使用，保持地力。

西汉，张骞通西域，葡萄、石榴、大蒜、苜蓿等农作物通过丝绸之路从西域传入中原。

西汉，汉王朝在关中地区兴建了漕渠、白渠、龙首渠、六辅渠等水利工程，使关中地区形成了一个巨大的灌溉网，促进了关中农业生产的迅速发展。

西汉，出现温室，并用于在冬季种植蔬菜。

东汉，毕岚发明翻车。

汉，出现稻田养鱼。

汉，官员、富商大肆购买田地，形成自给自足的田庄。

公元220年—公元589年
（魏晋南北朝时期）

三国，马均改进翻车，并用于灌溉。

三国，战乱不断，魏、蜀、吴为补充军粮，大兴屯田，魏国屯田的规模最大，成绩最显著。

西晋，人们开始种植苕草等植物，并将其植株沤成绿肥使用。

西晋，嵇含作《南方草木状》，记载了南方地区使用黄猄蚁防治柑橘害虫的方法，这是世界上最早关于利用并认识到以虫治虫的生物防治技术的记载。

晋，出现有文献记载的人工养蜂。

魏晋后期，形成"耕—耙—耱"土壤耕作技术体系，建立了以蓄水保墒为中心的北方旱地农业耕作系统。

北魏，贾思勰著《齐民要术》，被誉为"中国古代农业百科全书"，是中国现存最完整的综合性古农书。

南朝，南方出现地主庄园经济。

南朝，数学家祖冲之发明利用水力驱动粮食加工的工具——水碓，并制作水碓磨。

魏晋南北朝，发明与耕犁配套作业的钉齿耙、水田耙以及播种工具窍瓠等农具。

魏晋南北朝，出现果树嫁接术，《齐民要术》中记载了"插梨"，介绍嫁接梨树的方法。

魏晋南北朝，出现用于畜力的铁齿耙。

魏晋南北朝，社会动荡，具有军事防御性、自给自足的坞堡林立，以维持小范围内的农业生产正常进行。

魏晋南北朝时期政权更迭频繁，受局势动荡、人口迁移、气候变化等影响，农牧业区域发生变化，农业文化得到交流，部分北方游牧民族南迁进入中原地带并接受农耕文化，与汉族融合，从事农业。

公元589年—公元960年
（隋唐五代时期）

隋，广设粮仓，以储备粮食。其中洛阳的含嘉仓是中国发现的已知最大的地下粮仓。

隋炀帝时期，逐渐开凿"通济渠""永济渠"，改造邗沟和江南运河，连同此前开凿的广通渠，形成多枝形运河系统，洛阳与杭州之间全长1700多公里的河道可以直通船舶，京杭大运河建成。

隋，发明了提水灌溉的工具——筒车，提水功效显著，应用于农业生产中，一些地区沿用至今。

隋唐，南方太湖流域逐渐建成了"塘埔圩田系统"，解决了南方水田蓄洪排涝的矛盾，南方农业开始形成规模效应，南方水田稻作农业超过了北方旱作农业的地位。

　　唐，江南水田农具得到发展，出现曲辕犁，这种犁重量轻、犁架小，使耕作更加灵便，同时也减轻了牛的劳动强度，并由此形成了较完整的耕、耙、耱配套结合的水田耕作农具体系。曲辕犁的出现是中国耕作农具趋向成熟的标志。

　　唐，黄河流域河曲地带凿黄河开渠，灌溉几百万亩农田，这是自有灌溉工程以来首次引黄灌溉成功。

　　唐朝宰相姚崇依据古人经验，创造了用火驱杀和开沟扑杀蝗虫技术。

　　唐，陆羽作《茶经》，这是世界上第一部有关茶学的专著。

　　唐，陆龟蒙作《耒耜经》，这是中国最早的农具专著。

　　唐，李石作《司牧安骥集》，这是中国现存最古老的综合性兽医著作。

　　唐，黄子发作《相雨书》，这是中国第一部有关短期内天气变化预报的专著。

　　唐，养马业盛极一时，唐太宗时代陇右国有牧场养马达70万匹之多，相马术、马的繁育技术、饲养技术得到发展，马籍制度趋向完备。

　　唐，云南出现了梯田。

　　唐，云南出现稻麦一年二熟复种制。宋元时期，稻麦一年二熟制得到推广和普及。

　　唐，禁止宰杀耕牛，促进了农业的发展。

　　唐，发明了利用养鱼开荒种稻的方法，这种方法不仅收养鱼之功，同时也是利用生物清除杂草的创举。

　　唐后期，颁行"两税法"。"两税法"是以原有的地税和户税为主，统一各项税收而制定的新税法，分夏、秋两季征收，所以称为"两税法"，这是中国古代一次具有重要意义的赋税制度改革。

　　五代十国，政权更替频繁，战乱为当时的农业生产带来破坏。

公元960年—公元1368年

（宋辽金元时期）

北宋神宗熙宁元年，宋王朝制定了中国历史上第一部农业水利法——《农田利害条约》，建立全国性农田水利管理制度，极大促进农业生产发展。

北宋熙宁八年，朝廷颁布中国第一道治蝗法规《熙宁敕》。

北宋，中国第一部水稻品种专著《禾谱》问世。

北宋王灼作《糖霜谱》，这是中国第一部完备的有关种蔗制糖的专著。

南宋画家楼璹作《耕织图》，这是中国最早的系统反映古代农耕与桑蚕技术的图像，是一部有韵的农书。

南宋陈旉作《陈旉农书》，这是现存最早系统论述南方水田农业生产技术的农书。

南宋，《新安志》记载，中国出现青鱼、草鱼、鲢鱼、鳙鱼等多种鱼混养。

宋，政府利用行政力量在河南、河北、山西、陕西等地广泛利用黄河、汴河、薄河等大规模引浊放淤，改良盐碱地，提升地力，促进农业生产。

宋，出现家禽的人工孵化技术。

元，著名农学家王祯作《农书》，这是第一部图文并茂，兼顾论述中国北方农业技术和中国南方农业技术的著作。

元初年，司农司编纂《农桑辑要》，这是中国现存的第一部官修农书。

宋元，棉花由多路传入中原，并开始推广种植。

宋元，中国传统的养蜂技术已经成熟，元代三大农书将养蜂列为重要的农事活动。

宋元，钢刀熟铁农具得到推广，出现铁铧、踏犁、犁刀、耥头、粪耧、耘爪等高效省力的专用农具，提高了农业生产效率。

宋元，水力、风力等自然能源得到大规模开发，在灌溉、农产品加工方面发挥重要作用，出现形制繁多的翻车、筒车，中国传统灌溉工具在这一时期定型。

宋元，长江流域形成稻麦两熟制。

宋元，农业生产上重视用肥料，开辟肥源、提高肥效、合理施肥等问题受到普遍关注，利用沤制、发酵、熏制等技术造肥，开始形成合理施肥的思想。

宋元，蔬菜种植技术得到突破，形成无土栽培、茭白栽培、食用菌人工接种、温室囤韭、阳畦植韭以及甜瓜的催熟技术等。

宋元，农产品加工和储藏技术不断进步，创造了干制、冰镇、窖藏、蜜渍、腊封、腌制、酸渍、酱渍等一系列储藏方法。

宋末元初，黄道婆将棉纺织技术传入松江地区（现上海）。

元末明初，由通俗易懂的农谚汇集而成的农业气象专著《田家五行》问世。

公元1368年—公元1840年
（明清时期）

明，科学家徐光启作《农政全书》，这是中国古代篇幅最大的综合性农书，共60卷，约50多万字。

明，为了增强明王朝的军事防卫能力，朝廷派出大量人口开发东北地区，开垦土地。

明洪武年间，朝廷重视雨情测报，要求全国州县按月向朝廷上报雨情，形成了全国性的气象观测。

明嘉靖四十四年后，推行"一条鞭法"改革，简化了赋役制度，标志着赋税由实物为主向货币为主、征收种类由繁杂向简单的转变，增加了财政收入，是中国继唐代两税法后又一次重大的赋役改革。

明万历年间，陈经纶发明了养鸭治蝗技术。

明清，朝廷多次对前朝著名水利工程进行维修和扩建，以恢复和提高农田灌溉的效率和面积。

明清，井灌得到朝廷重视，人们大力发展旱作农田凿井灌溉，提高农田抗旱能力。

明清，人口从6 000万快速增长到4亿，而耕地增长较慢，人均耕地从明万历年六年的11.56亩降至清嘉庆十七年的2.19亩，人均耕地不足的矛盾在南方尤为突出。

明清，大量人口向边疆地区迁徙，开垦边疆地区，内蒙古、东北、新疆、福建、台湾等地的土地资源得到利用，农业扩展到边疆。

明清，原产于美洲的玉米、番薯、马铃薯、烟草、向日葵、番茄与辣椒等作物，原产于欧洲的荷兰豆、西洋菜，原产于印度、缅甸、马来群岛的杧果传入中国，并得到迅速推广种植。

明清，中国本土的动植物品种不断被其他国家引进利用，主要有大豆、茶叶、猕猴桃、柑橘、猪、鸡等，对国外农业发展作出了重要贡献。

明清，药物防治害虫技术取得重大进步，剧毒杀虫药剂被广泛应用，人们使用砒霜拌种防治地下害虫。

明清，家禽人工孵化技术得到较大发展，形成炕孵、缸孵、桶孵三大孵法。

明清，中兽医在诊断和治疗方面累积了相当丰富的经验，诊断学、辨证施治等方面都有了较大的发展，当时所记载牛、马、驼、猪的病症已达418种之多。

明清，人们充分认识到肥料对土壤的改良作用，各种类型的肥料在生产上被使用。在理论方面，清朝的杨屾在著作《知本提纲》中提出时宜、土宜、物宜的施肥"三宜"理论。

明清，长江三角洲和珠江三角洲地区出现"桑基鱼塘"。

明清，北方部分地区充分用地、养地，运用间套复种的方法，实现两年三熟甚至一年两熟。

清，出现以枪炮驱散冰雹的人工防雹技术。

清初，康熙皇帝采用"单株选择法"培育出水稻良种——康熙御稻。

清康熙五十五年开始，逐渐推行"摊丁入亩"，即将丁银并入田赋，征收统一，结束了中国历史上人丁地亩的双重征税标准，使赋役一元化。

清乾隆七年，由清政府官方编修的大型农书《授时通考》问世。

清朝中后期，甘薯、玉米的种植面积逐渐扩大，尤其是在西南山区，成为稻、麦之外的主粮。

公元1840年—公元1949年
近代（晚清民国时期）

1858年，中国学者李善兰与英国传教士合作编译出版中国第一部介绍西方植物学习基础知识的译著《植物学》。

晚清开始，黄河下游连年遭灾，破产农民不顾禁令"闯"入东北谋生，即"闯关东"，民国38年间，山东人闯关东总数超过1830万，留下的山东人达到792万。

清末，西方近代病害防治理论开始传入中国。民国以后，开始运用近代技术防治虫害。

清末，马、牛、猪等国外优良品种被引入中国，开启了中国近代畜禽引种改良工作。

清末，中国兽医工作者开始研制兽医生物制品，用于预防治疗家畜传染病。

1892年，湖广总督张之洞开始大量引种美棉，中国近代作物育种事业发端。

1897年，蒋黼、罗振玉、朱祖荣与徐树兰等人在上海发起成立中国最早的农学会——务农会。

1897年以后，以从事商品生产为目的的农业公司开始出现。

1898年，上海成立中国最早的农业科学实验机构——育蚕试验场。

1898年，张之洞在武昌创办中国第一个农务学堂——湖北农务学堂。

19世纪末，农机具开始被用于农业生产，在引进的基础上，出现仿制、改良农机具。

19世纪末20世纪初，西方近代农学被大量引入中国，如1897年，中国第一份农学杂志《农学报》出版，1900—1903年编辑出版《农学丛书》等。

1904年，化肥开始传入中国，1937年，中国第一家化肥厂在南京建成。

民国，烟草成为重要的经济作物，全国种植面积最高是在1937年，达到900万亩。

1919年，南京高等师范学校农科所通过品种比试试验，率先采用近代作物育种技术开展稻作育种，这是中国近代有计划、有目的地进行水稻良种选育的开端。

20世纪二三十年代，以章士钊、董进时、梁漱溟、晏阳初等为代表的"以农立国"论者，发起乡村建设运动。20世纪30年代，全国从事乡村建设工作的团体和机构有600多个，先后设立的各种实验区有1 000多处。乡村建设运动的内容包括社会调查、行政改革、基层自治、发展教育、推广科技、移风易俗、提倡合作、自卫保安、卫生保健等方面。

1930年，金陵大学农业经济系教授卜凯发起中国首次大范围的正规土壤调查。1936年，梭颇汇集数年成果，出版《中国之土壤》，是首部介绍中国土壤的专著。

1930年，泾惠渠开始修建，第一期于1932年建成，这是中国第一座应用近代技术建设的大型灌溉工程。

近代，水旱等自然灾害加剧，发生死亡万人以上巨灾75次，其中死亡100万人以上4次，1000万人以上1次。

近代，农村田地多集中在地主手中，占全国人口不到15%的大中小地主和富农占有全国81%的土地。

附录2 · FULU 2

知识条目索引

O ~ T

图书在版编目（CIP）数据

丰收中国：一首诗读懂中华农业极简史/韩长赋编
著．—北京：中国农业出版社，2021.12
ISBN 978-7-109-28920-8

Ⅰ．①丰… Ⅱ．①韩… Ⅲ．①中国历史②农业史–中
国 Ⅳ．①K209②S-092

中国版本图书馆CIP数据核字（2021）第228041号

中国农业出版社出版

地址：北京市朝阳区麦子店街18号楼
邮编：100125
策划编辑：刘爱芳
责任编辑：刁乾超　任红伟　文字编辑：孙蕴琪
版式设计：李　文　责任校对：吴丽婷　责任印制：王　宏
印刷：北京通州皇家印刷厂
版次：2021年12月第1版
印次：2021年12月北京第1次印刷
发行：新华书店北京发行所
开本：700mm×1000mm　1/16
印张：23.75
字数：268千字
定价：88.00元